新基建丛书

新基建下人工智能的未来

刁生富　刁宏宇　彭钰舒　著

電子工業出版社
Publishing House of Electronics Industry
北京 · BEIJING

未经许可，不得以任何方式复制或抄袭本书之部分或全部内容。
版权所有，侵权必究。

图书在版编目（CIP）数据

新基建下人工智能的未来/刁生富等著. —北京：电子工业出版社，2022.8
（新基建丛书）
ISBN 978-7-121-43954-4

Ⅰ. ①新… Ⅱ. ①刁… Ⅲ. ①人工智能－研究 Ⅳ. ①TP18

中国版本图书馆 CIP 数据核字（2022）第 119242 号

责任编辑：米俊萍
印　　刷：三河市华成印务有限公司
装　　订：三河市华成印务有限公司
出版发行：电子工业出版社
　　　　　北京市海淀区万寿路 173 信箱　　邮编：100036
开　　本：787×1 092　1/16　印张：14　　字数：291 千字
版　　次：2022 年 8 月第 1 版
印　　次：2024 年 1 月第 2 次印刷
定　　价：88.00 元

凡所购买电子工业出版社图书有缺损问题，请向购买书店调换。若书店售缺，请与本社发行部联系，联系及邮购电话：（010）88254888，88258888。

质量投诉请发邮件至 zlts@phei.com.cn，盗版侵权举报请发邮件至 dbqq@phei.com.cn。

本书咨询联系方式：mijp@phei.com.cn；（010）88254759。

前言

近年来，新一轮科技革命和产业变革正如火如荼地进行着，以人工智能为代表的新一代信息技术的发展势如破竹，人类社会正在迎来第四次工业革命。无论是从其规模、影响范围还是复杂性来看，这场由第四次工业革命带来的产业转型都将和人类以往经历的工业革命不同。当前，数字经济已经成为我国经济增长的重要驱动力，也是全球新一轮产业竞争的制高点。特别是在全球新冠肺炎疫情的影响下，加大加快新型基础设施建设（简称新基建）的投资和建设，打造具有国际竞争力的数字基础设施，有利于实现经济稳定和高质量发展。

正是在这样的大背景下，党中央、国务院从战略的高度多次强调要加快新型基础设施建设的进程。《2021 年政府工作报告》中提出，“统筹推进传统基础设施和新型基础设施建设。加快数字化发展，打造数字经济新优势，协同推进数字产业化和产业数字化转型，加快数字社会建设步伐，提高数字政府建设水平，营造良好数字生态，建设数字中国。”《中华人民共和国国民经济和社会发展第十四个五年规划和2035年远景目标纲要》中明确提出，“围绕强化数字转型、智能升级、融合创新支撑，布局建设信息基础设施、融合基础设施、创新基础设施等新型基础设施。”

新基建涵盖诸多产业链，以新发展理念为引领，以技术创新为驱动，以信息网络为基础，在时间上面向未来，在内容上面向国家战略需求，在行动上面向底层支撑，在技术上面向科技革命，为数字转型、智能升级、融合创新等提供基础设施体系，主要服务于国家长远发展和“两个强国”建设。人工智能是新一轮科技革命和产业变革的核心驱动力，具有很强的“头雁”效应，对 5G 基站建设、特高压、城际高速铁路和城市轨道交通、新能源汽车充电桩、大数据中心、工业互联网等起着很大的支撑作用，而新一代人工智能的良性发展也需要新型基础设施提供数据、算力和算法三个层面的支撑。

正是基于人工智能与新基建这种密切联系，本书着重探讨新基建背景下我国人工智能的发展及其基础建设。全书包括基础、应用和实践三篇，共 9 章。基础篇分析了新基建的背景、概念、短板，以及人工智能的发展与挑战等，尤其是分析了人工智能与新基建内在的关系；应用篇分析了人工智能在产业融合及在医疗、教育、能源、城市建设、社区建设等领域的驱动作用；实践篇探讨了人工智能的数据建设、软硬件建设、技术研发、产品研制和人才培育等。推进人工智能新基建，对加快人工智能技术创新、全面提升其与产业融合和为社会赋能的可持续发展能力具有重大价值，这也是本书重点关注的内容。

本书在写作过程中参考了大量国内外文献，在此特向有关研究者和作者致以最真诚的感谢。电子工业出版社米俊萍为本书的出版付出了心血，在此一并致以最真诚的感谢。对书中存在的不足之处，敬请读者批评指正。

刁生富

2022 年 1 月 1 日

目录

Part Ⅰ

第一篇

基础篇

第一章
乘风破浪：新基建开启创新发展新时代

新基建涵盖诸多产业链，以新发展理念为引领，以技术创新为驱动，以信息网络为基础，在时间上面向未来，在内容上面向国家战略需求，在行动上面向底层支撑，在技术上面向科技革命，为数字转型、智能升级、融合创新等提供基础设施体系，主要服务于国家长远发展和“两个强国”建设。

一、背景：新基建的提出

二、概念：新基建的内涵

三、短板：新基建目前的不足

四、未来：新基建的新趋势

五、推进：“诗和远方”＋“路在脚下”

一、背景：新基建的提出

基础设施是指为社会生产和居民生活提供公共服务的物质工程设施，是用于保证国家或地区社会经济活动正常进行的公共服务系统。传统基础设施，俗称“铁公基”，主要是指铁路、公路、机场、港口、管道、通信、电网、水利、市政、物流等基础设施，主要服务于社会生产和居民生活，在我国经济发展过程中发挥了极其重要的基础性作用。

在经济社会发展和人民生活中，基础设施占有重要地位，发挥着巨大的作用。作为经济和社会发展的重要支撑，基础设施状况反映一国经济实力和发展水平。改革开放 40 多年来，我国的基础设施建设取得了巨大的成就。2019 年年底，我国基础设施建设累计投资额达到 143.7 万亿元，基础设施存量排名世界第一：高速铁路通车里程超过 3.5 万千米，高速公路通车里程超过 14 万千米，沿海港口万吨级以上泊位超过 2000 个，城市轨道通车里程达到 6700 千米，均位居世界第一，机场数量、管道里程位居世界前列，这些都促进了我国经济和社会的快速发展。

然而，随着我国经济和社会的不断发展，“铁公基”已无法满足新时代高质量发展的新需要。在这样的背景下，新型基础设施建设应运而生。

新型基础设施建设简称“新基建”，是相对于传统基础设施建设而言的。二者的主要区别如表 1-1 所示。

表 1-1　新基建与传统基础设施建设的区别

基础设施类型	主要基础设施名称	主要传输对象
传统基础设施（物理基础设施）	交通运输	汽车、自行车、飞机、轮船等
	水利设施	水
	电网	电
新型基础设施（信息基础设施）	信息网络系统	信息

新基建涵盖诸多产业链，以新发展理念为引领，以技术创新为驱动，以信息网络为基础，面向高质量发展需要，为数字转型、智能升级、融合创新等提供基础设施体系，主要服务于国家长远发展和“两个强国”建设。

新基建在时间上面向未来，在内容上面向国家战略需求，在行动上面向底层支撑，在技术上面向科技革命，是党中央提出的具有战略意义的行动方针。新基建投入虽大，但产出效益高、产业带动性强，对我国经济和社会发展具有长远的积极影响。

自2020年以来，国内外形势趋于复杂，全球经济形势严峻。受诸多因素影响，我国及时提出"六稳""六保""经济双循环"等新举措，而新基建则成为实现我国经济转型升级与高质量发展的关键和"新风口"。

近年来，新一轮科技革命和产业变革正如火如荼地进行，以大数据和人工智能为代表的新一代信息技术的发展势如破竹。世界经济论坛创始人兼执行主席克劳斯·施瓦布（Klaus Schwab）在《第四次工业革命》一书中指出，人类社会已经历了三次工业革命：第一次工业革命以水蒸气为动力，实现了生产的机械化；第二次工业革命通过电力实现了大规模生产；第三次工业革命则使用电子和信息技术，实现了生产的自动化。第三次工业革命也是一场发轫于20世纪中叶的数字革命。在此基础上，我们正在迎来第四次工业革命，这场革命的主要特征是各项技术的融合，并将日益消除物理世界、数字世界和生物世界之间的界限。我们即将迎来的这场新的工业革命，将彻底改变我们的工作、生活和社交的方式，无论是从其规模、影响范围还是复杂性来看，这场工业革命都将与人类以往经历的工业革命不同。

克劳斯·施瓦布还详细阐述了可植入技术、数字化身份、物联网、3D打印、无人驾驶、人工智能、机器人、区块链、大数据、智慧城市等技术变革对社会的深刻影响，并预测2025年社会重大变革的重要方向，包括可植入技术、万物互联、智慧城市、无人驾驶汽车、人工智能与决策等。这些都与新基建密切相关。可见，数字化、网络化和智能化是未来社会发展的新方向，一个国家如果能及时抓住机遇，就能在新一轮世界经济发展中取得优势，从而引领世界经济和社会发展的大趋势。

此外，在全球疫情蔓延态势持续、世界经济恢复增长缺乏支撑等国际背景下，我国加强新基建势在必行。就国内而言，一方面是数字经济快速发展，数字产业化和产业数字化不断推进，需要打造具有国际竞争力的数字基础设施。当前，数字经济已经成为我国经济增长的重要驱动力，也是全球新一轮产业竞争的制高点。另一方面是我国经济由高速向高质量发展转变，不仅要改造提升传统动能，而且要培育发展新动能。特别是在新冠肺炎疫情的影响下，我国经济在一定时间内受到不同程度的影响，经济下行压力持续加大。加大加快新基建投资，有利于实现经济的稳定增长。

新基建概念的提出大致经历了以下几个阶段。

2018年12月，中央经济工作会议提出"要发挥投资关键作用，加大制造业技术改造和设备更新，加快 5G 商用步伐，加强人工智能、工业互联网、物联网等新型基础设施建设”。新基建的概念由此产生，新基建迅速成为社会经济发展的焦点。

2019 年的政府工作报告、中共中央政治局会议、国务院常务会议中多次对新基建的相关工作做出重要部署。其中，2019 年 7 月，中共中央政治局会议提出要“加快推进信息网络等新型基础设施的建设”，使得信息网络建设、5G 建设大爆发。

2020 年年初，国务院常务会议、中共中央政治局会议中频繁提及“加快新型基础设施建设”。同年 4 月，国家发展和改革委员会首次明确了新型基础设施的概念，对新基建领域进行了界定。

《2020 年政府工作报告》中提出，“重点支持既促消费惠民生又调结构增后劲的‘两新一重’建设，主要是：加强新型基础设施建设，发展新一代信息网络，拓展 5G 应用，建设充电桩，推广新能源汽车，激发新消费需求、助力产业升级。”这也是新基建首次被写入政府工作报告。

在 2020 年 11 月召开的新基建动员大会上，中国信息通信研究院和华为联合发布了助力相关项目落地实施的《新基建蓝皮书》。中国信息通信研究院的测算数据显示，2019 年中国数字经济总量达到 35.8 万亿元，占 GDP 比重超过 1/3；2019 年数字经济发展对中国 GDP 增长的贡献率达到 67.7%，显著高于农业、工业和服务业对经济增长的贡献，成为带动中国国民经济发展的核心关键力。

随后，上海、天津、广州等多地连出新政，围绕 5G、人工智能、工业互联网等重点领域，投资规划一批千亿级、万亿级新基建项目，并谋划千亿级产业集群。

目前，上海重点推进 5G 项目，取得了重大进展。在智能制造领域，全国首个基于 5G 的民用飞机制造工厂项目实现了 5G 环境下的 AR 辅助装配和远程维护应用、视觉检测系统等飞机制造场景。在智慧交通领域，国内首个 5G-V2X 智能重卡项目在洋山港及东海大桥实现了 5 台智能重卡的集装箱转运。在智慧医疗领域，首次基于 5G 的急诊急救一体化新模式，打造了国内第一辆 5G 救护车。

天津滨海新区把新基建作为推进高质量发展的重中之重，在信息基础设施、融合基础设施和创新基础设施方面积累了优势。在天津港码头，智能控制的集装箱牵引车自动行驶、自动装卸；在天津经济技术开发区，智能工业无人机从全自动机场起飞巡检，实时数据同步回传；在中新天津生态城，1200 多个摄像头、感应器等物联设施不间断运行，互联起 4.9 亿条数据，智慧体验延伸至生活各角落。

作为国家首批信息产业高技术产业基地、国家基于宽带移动互联网智能网联汽车与智慧交通应用示范区，广州在新基建领域有着明显的优势。在人工智能领域，广州打造了广州人工智能与数字经济试验区、南沙国际人工智能价值创新园等产业载体，人工智能产业规模超600亿元。在工业互联网领域，广州集聚了国内20余家知名的工业互联网平台，国家顶级节点（广州）接入二级节点数占全国的45%，标识注册量超过7亿个，居广东省第一。

《2021年政府工作报告》中提出，“统筹推进传统基础设施和新型基础设施建设。加快数字化发展，打造数字经济新优势，协同推进数字产业化和产业数字化转型，加快数字社会建设步伐，提高数字政府建设水平，营造良好数字生态，建设数字中国。”

《中华人民共和国国民经济和社会发展第十四个五年规划和2035年远景目标纲要》中明确提出，“围绕强化数字转型、智能升级、融合创新支撑，布局建设信息基础设施、融合基础设施、创新基础设施等新型基础设施。”

由此可以看出新基建在我国经济发展战略中的重要地位及深远意义。加快推进新基建，是促进当前经济增长、打牢长远发展基础的重要举措，其出发点和落脚点在于加快发展数字经济，推动我国经济转型升级、实现高质量发展。我国是人口大国、制造大国和互联网大国，具有优越的发展数字经济的市场规模条件，而新基建具有丰富的应用场景和广阔的市场空间，可以肯定地说，加快新基建，是实现我国经济由大到强转变的加速器。

二、概念：新基建的内涵

目前，关于新基建的内涵有多种界定，业界主流为“七领域说”和“三大类说”。

从本质上看，新基建指的是信息数字化基础设施建设，可为传统产业向网络化、数字化、智能化方向发展提供强有力的支持，涉及通信、电力、交通、数字等多个行业的多个领域，包括5G基建、特高压、城际高速铁路和城际轨道交通、新能源汽车充电桩、大数据中心、人工智能、工业互联网七大领域，如表1-2所示。

表1-2 新基建的七大领域与应用

领域	应用
5G基建	工业互联网、车联网、物联网、企业上云、人工智能、远程医疗等
特高压	电力等能源行业
城际高速铁路和城际轨道交通	交通行业

（续表）

领域	应用
新能源汽车充电桩	新能源汽车
大数据中心	金融、安防、能源等领域及个人生活的方方面面（包括出行、购物、运动、理财等）
人工智能	智能家居、服务机器人、移动设备、自动驾驶
工业互联网	企业内部的智能化生产、企业之间的网络化协同、企业与用户之间的个性化定制、企业与产品的服务化延伸

同时，新基建又可分为四个层次：第一层即核心层，为以 5G 技术、大数据、人工智能、云计算、区块链、物联网为代表的提供数字技术的基础设施，如 5G 基建、大数据中心；第二层为智能化软硬件基础，可以对现有传统基础设施进行智能化改造，如人工智能、工业互联网；第三层为新能源、新材料配套应用设施，如新能源汽车充电桩；第四层即最外层，更多的是补短板基建，如特高压、城际高速铁路和城际轨道交通的建设。其中，5G 是最为基础和核心的新型基础设施。

2020 年 4 月 20 日，国家发展和改革委员会在新闻发布会上明确了新基建的范围，即信息基础设施、融合基础设施、创新基础设施三大类（见图 1-1）。其中，信息基础设施主要指基于新一代信息技术演化生成的基础设施，比如以 5G 等为代表的通信网络基础设施，以自然语言理解、云计算等为代表的新技术基础设施，以及以数据中心、智能计算中心等为代表的算力基础设施。可见，信息基础设施既是新基建的重要组成，又是战略性新兴产业，更是新型的信息消费市场，同时也是其他领域新基建的通用支撑技术，还是传统产业数字化的新引擎，赋能传统基建领域提质增效，可谓新基建之基。

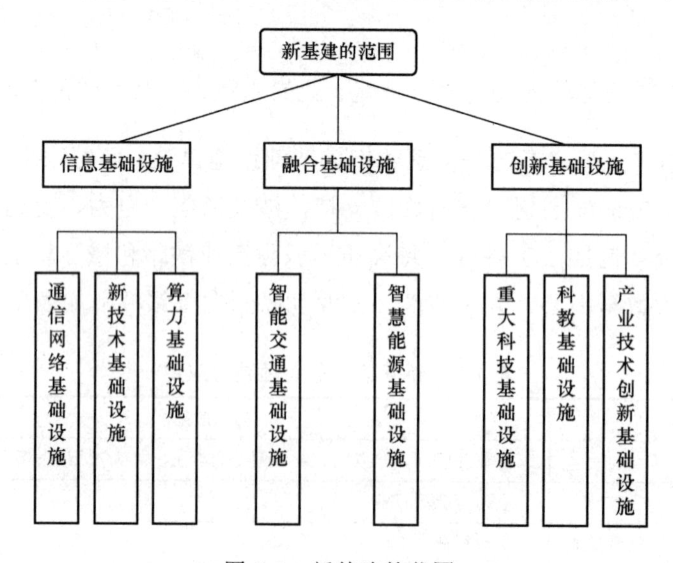

图 1-1　新基建的范围

融合基础设施，主要指深度应用互联网、大数据、人工智能等技术，支撑传统基础设施转型升级，进而形成的融合基础设施，如智能交通基础设施、智慧能源基础设施等。

创新基础设施，主要指支撑科学研究、技术开发、产品研制的具有公益属性的基础设施，如重大科技基础设施、科教基础设施、产业技术创新基础设施等公益性科创基础设施。

新基建也有“两分法”，即广义的新基建和狭义的新基建。广义的新基建指融合基础设施，包括特高压、新能源汽车充电桩、城际高速铁路和城际轨道交通，以及交通、水利重大工程等。其利用新一代信息技术对包括能源、交通、城市、水利在内的传统基础设施进行数字化改造，进而形成融合基础设施，如智慧能源基础设施、智慧交通基础设施、智慧城市基础设施、智慧水利基础设施等。

广义的新基建不仅服务于智慧产业（智慧农业、智慧制造业、智慧服务业）、智慧企业、智慧政府等的发展，还服务于智慧能源、智慧交通、智慧城市、智慧水利等的发展；不仅服务于供给端生产方式的革命，还服务于需求端生活方式的革命。

狭义的新基建是指数字基础设施建设，包括 5G 基建、大数据中心、人工智能、工业互联网等方面的建设，主要涉及以互联网为代表的新一代信息技术群，包括大数据、云计算、互联网、物联网、人工智能、智能终端、信息通信技术、数字技术、信息物理融合系统、虚拟现实、增强现实、区块链、识别技术、无人技术、3D 技术、5G 技术等。

国家发展和改革委员会还特别指出，伴随着技术革命和产业变革，新基建的内涵、外延也不是一成不变的。因此，对于新基建的内涵，大致可以从以下三个层面来把握。

有别于传统基建的新领域，是新基建之新的第一层含义。新基建包括 5G 基建、特高压、城际高速铁路和城际轨道交通、新能源汽车充电桩、大数据中心、人工智能、工业互联网七大领域，而传统基建包括铁路、公路、电力、水利、电信等方面。可见，新基建以新一代信息技术为主线，主要涉及通信、电力、交通等社会民生重点行业，每个领域的科技含量都比较高，更能体现数字经济特征，如疫情期间的远程办公、远程医疗、远程教育、远程签约等。

新的主体，是新基建之新的第二层含义。过去，参与大规模基础设施建设的主体主要是政府，民间资本很难进入。与传统基建相比，新基建十分注重调动民间投资的积极性。此轮新基建不仅以政府债务、国有企业、银行贷款等为重要投资方式，还进一步放开市场准入门槛，扩大投资主体，积极吸引社会资本参与重大项目建设，积极发挥民营企业、民间资本在新基建中的作用，比如阿里巴巴、腾讯、百度、华为等都是新基建的重要主体，给新基建的发展注入了新的活力。

2020 年 4 月，阿里云对外宣布，未来 3 年再投 2000 亿元，用于云操作系统、服务器、芯片、网络等重大核心技术的研发攻坚和面向未来的数据中心的建设。同年 5 月，腾讯宣布未来五年将投入 5000 亿元布局新基建。5000 亿元重点会花在云计算、区块链、服务器、人工智能、5G 网络、大型数据中心及物联网操作系统等方面。同年 6 月，百度宣布，未来十年将继续加大在人工智能、芯片、云计算、数据中心等新基建领域的投入，并预计到 2030 年，百度智能云服务器台数将超过 500 万台。

科技创新，是新基建之新的第三层含义。新基建是在全球新一轮科技革命和产业变革的背景下发展起来的，所涉及的领域都与科技创新密切相关。近年来，我国从中央到地方都大力发展数字经济，在强化顶层设计的同时，推动相关政策落地实施，数字产业化加速创新，产业数字化深入推进，数字经济体量位居全球第二，规模为 5.2 万亿美元[①]。

未来，全球经济发展的重心将围绕互联网、大数据、人工智能等领域展开，数字经济将成为影响世界经济与国际关系的关键力量，而以科技创新为核心的新基建，能够与数字化信息技术的开发和应用紧密结合，在高科技端发力，从而能有效应对经济下行压力，使我国经济稳定发展。

传统基础设施大多局限于“可触摸”“可感知”的物理空间，尤其是陆地空间，主要呈现链接式的“无形连接”。传统基建的功能属性主要是承载公共服务，而且其各自提供了专属功能。例如，道路是供交通工具移动的场地，为人们出行提供便利；水利为农业提供灌溉服务，等等，各行业的传统基础设施各司其职，相对独立。

新型基础设施不仅站在实体空间的“肩膀”上，更扩展至虚拟空间的“苍穹”中，重在网络空间腾“云”驾“物”式的“无形连接”，主要包括以互联网为代表的新一代信息技术群，也称“云设施”。与传统基建相比，新基建是结合新一轮科技革命和产业变革的特征，面向国家战略需求，为经济社会的创新、协调、绿色、开放、共享发展提供底层技术的网络基础设施。新基建具有乘数效应，产出的效益辐射性强。可以说，新基建是以人工智能为代表的第四次工业革命的基础设施建设，既提

① 刘多. 《全球数字经济新图景（2020 年）——大变局下的可持续发展新动能》解读[J]. 互联网天地，2020（10）：8-15.

供新的创造设施，又提供新的服务。新基建主要面向新产业、新业态、新模式，促进经济结构优化，具有补短板、出创新的特征。

需要强调的是，新基建和传统基建不是相互排斥的关系，而是相互依赖、相互支撑的关系。新基建赋能包括铁路、公路、机场在内的传统基建，对传统基建形成有力补充，助力传统基础设施的智能化改造，提高传统基础设施的运行效率，放大传统基础设施的作用，使整个社会运行更高效、智能、环保。新基建发力，传统基建升级，可以更好发挥基础设施建设“两条腿走路”的引擎驱动作用。

三、短板：新基建目前的不足

新基建的推进必将释放更多经济新动力和消费新需求，对经济和社会产生全方位的带动作用。在经济发展过程中，新基建发挥着突出的引领作用和乘数效应。但是，目前我国新基建在发展过程中还存在以下几个方面的短板。

1. 核心技术有待突破

关键核心技术对推动我国经济高质量发展、保障国家安全都具有十分重要的意义。必须切实提高我国关键核心技术创新能力，把科技发展主动权牢牢掌握在自己手里，为我国发展提供有力科技保障。虽然国外新基建的投资规模与发展速度不及我国，但其对核心技术的投资规模与开发速度远胜于我国，比如在芯片、传感器、服务器、操作系统等领域。

目前，我国 5G、人工智能、大数据等技术在基础研究与标准设立方面部分达到了世界先进水平，但在人工智能芯片等方面，与世界先进水平相比仍有较大差距。对国外核心技术的依赖性较大、关键核心技术能力不足是我国新基建的一个短板①。

现在一些电子产品对芯片的要求越来越高，比如华为手机所使用的芯片已经采用 7 纳米工艺制程。国内市场对国外中高端芯片产品需求旺盛，中国是全球最大的芯片进口国。2020 年，中国芯片的进口额达到近 3800 亿美元，占国内进口总额的 18%左右，占全世界芯片销售额的 70%以上。贸易信贷保险公司 Euler Hermes 的数据显示，2021 年全球芯片销量增长了 26%，达到 5530 亿美元。

在美国停止对华为供应芯片之前，我国采用的芯片大部分都是国外产品，因此

① 刘艳红，黄雪涛，石博涵. 中国“新基建”：概念、现状与问题[J]. 北京工业大学学报（社会科学版），2020，20（6）：1-12.

芯片制造业是我国大陆芯片产业中最薄弱的领域。在芯片制造工艺方面，我国台湾的台积电、韩国的三星已演化到最新一代5纳米工艺制程，下一代4纳米、3纳米工艺制程也在稳步推进中[①]。而中芯国际作为我国大陆最先进的芯片制造企业，仅有14纳米工艺制程，远落后于国际水平。

长期以来，中国大陆芯片乃至整个半导体产业的方方面面都对美国、欧洲、日本、韩国及中国台湾的依赖性太强，尤其在先进制程芯片方面。即使曾经由华为自主研发的麒麟系列芯片，其实也只能由中国台湾的台积电代工。

如今，我国半导体设备虽然具备了一定的产业基础，但技术实力与国外相比仍存在较大的差距。国产半导体设备企业的实力仍然偏弱，绝大部分企业无法达到国际上已经实现量产的10纳米工艺，部分企业突破到28纳米或14纳米工艺，但在使用的稳定性上与国际巨头差距较大。

在全球受新冠肺炎疫情影响的背景下，新基建相关技术的进口受到威胁，阻碍我国新基建发展。因此，降低技术的对外依赖性、提高自主研发能力是重中之重。

2. 信息不对称问题突出

新基建在推动万物互联互通过程中大量运用5G、人工智能、区块链等技术，因此新基建具有明显不同于传统基建的高新技术性特征，而高新技术性在一定程度上也意味着高度的信息不对称。新基建是科技产业的前沿领域，技术门槛高，技术更新迭代快，应用场景不明晰，商业运营模式也尚未形成闭环，具有高度的不确定性，包括市场的不确定性、技术的不确定性、组织架构的不确定性等[②]。

与技术创新的企业相比，政府作为新基建的参与者和推动者，核心业务技能是行政管理。由于种种原因，管理人员对各项技术的关键问题理解不深，对前沿技术的不确定性不敏感，信息不对称问题较为突出，因此其要正确做出新型基础设施技术路线选择和建设规模决策有一定的困难。一旦决策失败，我国不仅会面临高昂的投资损失，更会失去对前沿数字技术的主动权。

信息不对称问题还可能导致忽视市场需求或不能创造有效需求。在市场经济条件下，需求是推动经济增长的基本动力，只有在需求信号的引导下，才能确保稀缺经济资源的最优配置。传统基建被人诟病的重要原因之一是有时不考虑需求，或者

---

① 姜迪，徐寅，陈长益，等. 基于专利分析的芯片“卡脖子”问题研究[J]. 中国科技资源导刊，2021，53（4）：14-21.

② 李璐. 我国新型基础设施发展面临的问题及建议[J]. 广东经济，2020（8）：32-37.

简单地认为"供给自动创造需求"。而具有高新技术性的新基建加快了产品的更新迭代周期，其信息的不对称性可能使产品供给难以适应市场需求变化或不能及时创造有效需求，从而造成产能过剩、政府债务高等问题①。

3．出现资源错配问题

大规模、多主体推进 5G 通信、人工智能、充电桩、工业互联网等新基建，涉及固定资产投资较多，仍然可能出现过剩。中国电动汽车充电基础设施促进联盟发布的数据显示，2021 年 1—11 月，我国新能源汽车累计销量为 299.0 万辆，同比增长 166.8%；充电基础设施增量为 70.4 万个，同比增长 120.3%，车桩增量比为 4.2∶1。放眼未来 10 年，我国充电桩建设仍存在 6300 万个缺口，预计将形成万亿元的充电桩基础设施建设市场。对于充电桩的建设，一旦缺乏科学的布局规划，让大量资本涌入其中，很容易造成资源错配和产能过剩。

如果充电桩的建设规划与当地经济社会发展需求不相适应，进行超前投资、过度投资，可能会面临较大的资源错配风险。譬如南昌市曾超前布局建设充电桩，但由于引进纯电动出租车计划搁置，先期建设完成的 150 个充电桩被闲置。随着电动汽车的普及，人们发现南昌市第一批投资建设的充电桩接口已经不适应电动汽车的要求，导致产能浪费。

此类由于充电桩发展初期布局不合理、不完善造成多数地区一桩难求，而偏远地区充电桩闲置的情况经常出现。建议以人口流入或流出为标准，明确新基建的重点地区、先行地区，有所侧重布局新基建，避免全面投资形成新的产能过剩，严控人口流出地区的基建投资，防止大规模基建浪费②。

以广东省为例，珠三角核心城市、粤港澳大湾区等人口流入地，可作为新基建重点区域；对于粤东西北地区等人口流出地，应针对发展短板，加强能源、交通、水利等传统基建，满足新型工业化和新型城镇化的需要。

另外，据《我国各省区市"新基建"发展潜力白皮书》分析，新基建外溢效应较强，如果不加以统筹规划，将出现重复建设、产能闲置的现象，造成大量投资浪费。工业互联网、物联网、充电桩等新基建应用高度依赖当地经济社会的发展基础，其布局规模和密度应与当地产业需求、社会治理需要相匹配，经济基础较好、城镇

---

① 赵佳伟，张华，义旭东．新型基础设施建设的潜力、挑战与政策建议[J]．西部经济管理论坛，2020，31（6）：82-93.

② 广东省政府发展研究中心新基建研究课题组，谭炳才，蔡祖顺，等．"广东抢抓新基建新机遇"专题①以新基建创新驱动广东高质量发展[J]．广东经济，2020（6）：18-25.

化率较高、城市治理较为成熟的地方可优先布局。

还以新能源汽车充电桩为例，我国公共充电桩区域集中度较高，主要分布在东部沿海等经济发达地区。中国充电联盟数据显示，2020 年，我国公共充电桩保有量最多的地区为上海市、广东省及北京市，均为 8.6 万个。而天津、重庆等十八个省份的公共充电桩保有量超过一万台，这些地区在人口密度、经济基础、新能源汽车保有量等方面仍有差距，如果盲目大规模建设公共充电桩，将造成资源闲置。

4．网络安全存在风险

随着工业互联网、物联网、车联网等技术的不断创新，万物互联互通的程度更加紧密，数字经济与实体经济也加快融合发展。如果在新基建过程中没有做好网络安全保障工作，其受到安全威胁的风险就会从数字世界向物理世界逐渐渗透。一旦发生安全问题，可能会直接引发安全事故，影响生产生活，甚至对国家安全造成威胁。

随着互联网的发展，人们可以依靠网络实现对人工智能的控制，这也增加了人工智能的安全问题。无人驾驶汽车在行驶的过程中，如果操作系统遭到黑客的控制，管理权限被黑客拿到，那么无人驾驶汽车便任由黑客摆布；人工智能的信息基本通过网络进行传输，在此过程中，源代码有可能被黑客篡改和控制，这就可能导致无人驾驶汽车无法准确识别障碍物或产生违背驾驶命令的行为，从而导致大面积的交通事故。

与传统基础设施相比，新型基础设施对网络攻击的抵抗性更弱，数据要素面临着更大的安全威胁。海量数据在网络中的传输及在各节点的存储、处理和调度等环节都将面临被窃取、破坏、篡改的风险。关键基础设施产生的数据更敏感、更重要，更容易吸引攻击者并成为网络攻击目标。

随着新基建的发展，物联网终端数将会呈现爆发式增长，每个终端都具有计算能力并拥有丰富的网络资源。但是，传感器、无人机、摄像头、智能汽车等物联网终端普遍计算性能差、接入数量巨大且具有突发性，安全性较弱。目前大部分终端产品在设计时很少考虑安全性问题，许多感知设备都处在无人监管的状态下，防盗防破坏等防护技术尚未成熟，给终端安全防护带来极大挑战。

截至 2020 年年底，全球用户采用的物联网设备数量达到约 300 亿台。海量的物联网设备连接到互联网上，使得其中一些存在安全漏洞的设备成了网络攻击的目标。即使只攻破一个设备，也有可能造成大规模的网络和设备瘫痪。

5．结构失衡亟待调整

目前，新基建加速了产业资本向相关领域的集聚，各行业的竞争已进入白热化阶段，新基建相关的很多领域已经出现了投资过热现象，这将加剧结构失衡风险，主要表现为核心技术和基础研究存在短板，高端材料、工业基础件和基础软件等过分依赖国外进口。

一方面，在政策的支持下，我国新基建相关产业发展速度比较快。企业为了抢占更多的市场份额，盲目扩大生产规模而忽视技术创新，同质化竞争严重，导致高端产业低端化发展。

2020 年，全国机器人企业的总数为 11066 家，工业机器人市场规模约为 63 亿美元。然而，在我国工业机器人市场中，国外品牌占据了 60%以上的份额。国产机器人大多为三轴和四轴，国产六轴工业机器人占我国工业机器人市场的份额较低。相反，对于技术复杂的六轴以上的多关节机器人，国外公司市场份额约占 90%。由于长期依赖国外的高端设备或零部件，我国缺乏自主知识产权，以至于国产工业机器人以中低端产品为主，从而出现高端产业低端化的问题。

另一方面，国内企业偏重智能机器人、无人机和智能驾驶等终端产品的生产，而忽视构建完整的产业链和培育关键核心技术的自主生产能力。与世界领先国家相比，中国人工智能在部分领域的核心技术方面实现重要突破，但对人工智能基础研究还比较欠缺，这不利于人工智能产业的持续发展。

《2021 人工智能发展白皮书》显示，截至 2020 年年底，中国人工智能相关企业数量达到 6425 家。其中，22.3%的企业分布在人工智能产业链基础层，18.6%的企业分布在技术层，59.1%的企业分布在应用层。可见，目前我国在人工智能基础研究方面的投入还较少。

四、未来：新基建的新趋势

《2020 新基建引领产业互联网发展报告》显示，2020 年，我国在工业互联网、大数据中心、5G 基建、人工智能等新基建重点领域的投资规模约达 1 万亿元，其中，大数据中心、5G 基建、工业互联网、人工智能等投资规模分别约为 52%、27%、11%、10%。此外，大数据中心投资方面，2020—2022 年总投资约 1.5 万亿元；工业互联网投资方面，2020—2025 年累计投资将达到 6500 亿元左右；5G 基建投资方面，2019—2026年累计投资将会超过2.6万亿元；从2020年起的未来三年，人工智能的投资规模都会超过千亿元。

大数据中心、5G基建、工业互联网和人工智能是新基建的最重要领域，目前呈现一些新的发展方向和趋势。

1．大数据中心

在新基建的政策驱动及疫情带来的需求刺激下，2020年集中规划报批的数据中心数量较多，2021—2022年是数据中心建设的爆发期，以大数据中心建设为主，边缘计算数据中心也开始发力。

数据统计显示，每年数据中心用电量占整个社会用电量的2%。预计中国在未来5～10年里，数据中心的用电量还会进一步加大（见图1-2）。基于数据中心的高能耗问题，绿色化将成为未来数据中心的重要发展方向。国家和地方层面相继出台政策引导绿色数据中心建设。

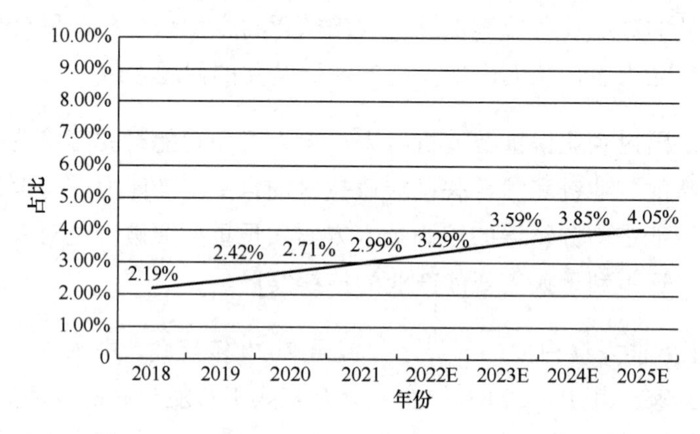

图1-2　2018—2025年中国数据中心用电量占比

资料来源：前瞻产业研究院整理。

2019年出台的《关于加强绿色数据中心建设的指导意见》提出，到2022年，数据中心平均能耗基本达到国际先进水平，新建大型、超大型数据中心的电能使用效率值（PUE值）达到1.4以下，高能耗老旧设备基本淘汰。通过数据中心能耗政策的颁布，可见国家对数据中心能耗情况的重视。

2021年7月，工业和信息化部印发的《新型数据中心发展三年行动计划（2021—2023年）》明确提出，用3年时间，基本形成布局合理、技术先进、绿色低碳、算力规模与数字经济增长相适应的新型数据中心发展格局。

从地方政策来看，电力资源稀缺的一线城市管控渐趋严格。2020年3月，杭州市发布的《关于杭州市数据中心优化布局建设的意见》提出加强数据中心布局引导、推进先进节能绿色数据中心建设等任务。为了严格落实国家有关新建数据中心 PUE 值不得高于 1.4 的规定，杭州市积极推动现有数据中心绿色化改造，预计 2025 年前 PUE 值达到 1.6 以下。

另外，数据中心运维效率普遍偏低，导致管理成本高昂。从技术角度来说，智能化是目前最重要的方向。数据中心建设除考虑绿色环保的标准之外，也开始通过预制式数据中心搭建方式来提高效率。华为预测，未来每年人工智能算力的需求增长将超过 10 倍，到 2025 年，数据中心算力的 80%将被人工智能相关应用占据。

数据中心长期运营中面临的远程巡检、专家会诊、云平台云端训练等都离不开人工智能技术的加持，未来人工智能技术将成为助力数据中心智能运维解决方案的关键。在云+人工智能的平台应用层，华为率先将人工智能技术与云数据中心、智能计算、存储等 IT 基础设施不断融合，为客户提供“全栈式”云解决方案。

华为中国政企数据中心解决方案营销总监李伟表示，数据中心的人工智能智能化未来会结合数据中心的全生命周期通盘考虑，如模块智能化、能效智能化、设计智能化、运维智能化、安全智能化和运营管理智能化。

2. 5G 基建

5G 基建是新基建的领衔领域，也是经济发展的新动能。2021 年，中国国际信息通信展第五届 5G 创新发展高峰论坛中提到，截至 2021 年 8 月底，我国累计开通 5G 基站数超过 100 万个（见图 1-3），其中共建共享 5G 基站超过 50 万个，覆盖全国所有地级以上城市。兴业证券预测，预计到 2025 年，5G 基站将达到 800 万个，实现全国范围内 5G 网络全覆盖。

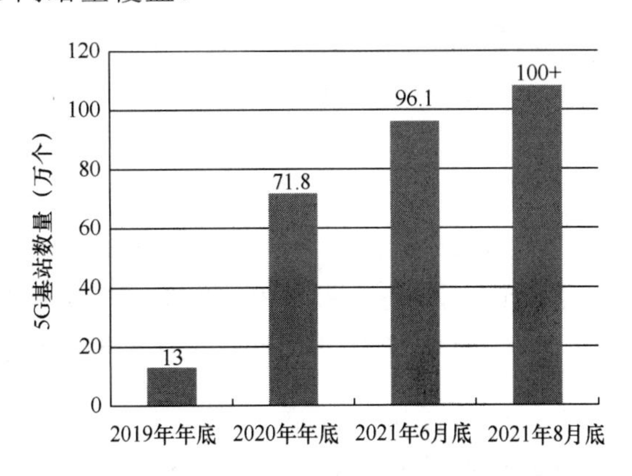

图 1-3 2019—2021 年 8 月底中国 5G 基站数量统计

资料来源：中商情报网。

当前，5G 应用整体处于起步阶段，但大规模的商业应用也将落地实施。5G 技术的研发不断催生诸多新业务、新模式、新业态，在推动 5G+智慧医疗、5G+智慧交通、5G+智能制造等方面发挥重要作用，已日益成为推动经济社会数字化、网络化、智能化转型升级的关键驱动。

5G 的重要特征之一是可以实现万物互联，其突破点在于融合创新。未来，融合应用是 5G 发展的重点和主流。现阶段，5G 融合应用正处于规模化发展的关键期，还需要各方共同努力。

以雄安新区为例，雄安新区是政府与各行业共同推动 5G 融合应用的典范区域。目前，雄安新区正加快数字化城市建设，基于 5G 的数字化和智能化已经融入人们生活的方方面面。

在雄安市民服务中心，菜鸟无人物流车等 5G+智慧物流无人车辆在道路上来回穿行。在行人众多、路况复杂的情况下，它们可以自主行驶，灵活避让障碍物，完成从驿站到智能柜的包裹接驳运输；面对突发情况时可紧急制动，进入停车位时可一次倒车到位。此外，园区内设有两个菜鸟智能柜和一个菜鸟驿站。菜鸟驿站和菜鸟智能柜都具备刷脸取件功能，市民们通过人脸识别就可以取走快递，从而极大地便利了生活。

5G 技术与经济社会各领域深度融合，跨行业的融合发展得到进一步加强。未来几年，我国必将加快构建 5G 行业生态，并深化 5G 与垂直行业的融合应用，使其在工业互联网、教育、医疗、智慧城市等方面规模化落地商用。

未来 5G 融合应用可能会向“3+4+X”体系方向发展，其中，“3”指三大应用方向，包括产业数字化、生活智慧化、治理数字化；“4”指四大通用应用，包括 4K/8K 超高清视频、VR/AR、无人机/车/船、机器人；“X”指 X 类行业应用，包括工业、医疗、教育、安防等领域产生的 X 类创新型行业应用①。

3．工业互联网

目前，我国已初步建成工业互联网生态，产业带动效应明显。此外，我国工业互联网市场已经进入高速增长阶段。据赛迪顾问数据，2020 年中国工业互联网市场规模总量达到 6712.7 亿元，同比增长 10.4%；预计 2023 年，中国工业互联网市场规模将达 9814.9 亿元。

然而，中国工业互联网在建设过程中也面临核心技术、关键系统等方面的研发

① 魏勇. 5G 应用　让雄安新区实现全域智能[J]. 中国投资（中英文），2020（Z7）：47-49.

创新能力不足，以大数据、云计算、物联网、人工智能等为代表的新一代信息技术在工业方面的应用尚未全面铺开，工业互联网生态体系建设尚不成熟、管理体系尚不健全、标准体系尚未确立等诸多难题。

虽然中国在工业领域的数字化、网络化、智能化发展迅速，但就目前工业互联网总体发展程度来看，中国与发达国家仍有不小的差距。因此，数字化、网络化、智能化是中国工业互联网发展的基本方向①。一方面，由于我国制造业发展不均衡且制造业内部各行业差异较大，我国制造业企业机械化、自动化、智能化发展水平参差不齐。在转型升级的过程中，中国制造业企业应结合自身发展状况，以夯实自动化、信息化基础为首要任务，找到适合企业自身发展的道路。

另一方面，为了缩小我国与制造业强国之间的制造业水平差距，我国应以数字化、网络化、智能化水平较高的企业为示范，促进制造业企业向“数字化车间”“智能工厂”转型升级，推广工业机器人等智能制造装备及在线监控诊断、大数据分析等智能化技术的应用。

以重庆市为例，作为我国的老工业基地，重庆市也是国家现代制造业基地，制造业基础雄厚。推动传统制造业智能化转型升级有利于提高重庆市制造业企业的数字化、网络化、智能化水平。在工业机器人领域，重庆市已经形成了集研发、整机制造、系统集成、零部件配套生产、机器人应用服务于一体的机器人全产业链。

根据《重庆市发展智能制造实施方案（2019—2022 年）》，到 2022 年，重庆市将累计推动 5000 家企业实施智能化改造，建设 10 个具备国内竞争力的工业互联网平台、50 个智能工厂、500 个数字化车间，创建 25 个行业级智能制造标杆企业，以及 12 个智能制造示范园区，基本建成覆盖重点行业的工业互联网生态体系。

4．人工智能

《2021 人工智能发展白皮书》显示，2020 年，中国人工智能核心产业规模达到 3251 亿元，同比增长 16.7%。国际权威调研机构 IDC 发布的《中国人工智能软件及应用市场半年度研究报告（2019H2）》显示，预计到 2024 年，中国人工智能市场规模将达到 127.5 亿美元，2018—2024 年复合增长率达 39.0%。

人工智能的发展主要分为三个阶段，即计算智能、感知智能和认知智能。在计算智能方面，机器已经取得重要突破。而在感知智能方面，机器的水平已经接近人类。目前大多数从事语音识别的公司都可以把机器语音识别的错误率控制在 3%以

① 杜传忠，金文翰. 美国工业互联网发展经验及其对中国的借鉴[J]. 太平洋学报，2020，28（7）：80-93.

内，意味着在音转文这个领域，技术已经比较成熟了。

在认知智能方面，机器的自然语言理解能力已经超过人类的平均水平，这是认知智能的重大突破。但是，在外部知识、逻辑推理或领域迁移的认知智能方面，机器与人类仍有差距。未来，从“感知智能”向“认知智能”转化，是新一代人工智能的发展趋势[①]。

认知智能方面最典型的任务就是阅读理解。目前，机器的阅读理解指标已经超过人类的平均水平，即机器的阅读理解指标达到82.48，人类平均水平则是82.3。科大讯飞公司的机器人就能证明这一点。该公司在让机器人掌握阅读能力之后，开始让机器人阅读医学书籍。2017年，该“智医助理”机器人以456的高分通过了国家临床执业医师综合笔试测试，成为全球第一台通过人类行业准入考试的智能机器人。

未来，科大讯飞公司将训练机器的建模和预测能力，探寻智慧的本质，从而获取智慧本质的通式。例如，让机器具备预测路况的能力，再把摄像头换成驾驶员视角的高拍仪或行车记录仪，从而使无人驾驶变得更智能、更安全。

认知智能可以帮助机器跨越模态理解数据，学习到最接近人脑认知的“一般表达”，获得类似人脑的多模感知能力，进而使人工智能深度介入社会生产生活。认知智能的出现使人工智能系统可以主动了解事物发展背后的规律和因果关系，从而进一步推动下一代具有自主意识的人工智能系统的发展。从感知智能到认知智能，人工智能将迈入后深度学习时代。

五、推进："诗和远方"+"路在脚下"

新基建的发展，正在对经济发展、社会进步、国际政治经济格局等方面产生重大且深远的影响。新基建的未来很美好，它是“诗和远方”；美好的未来要成为现实，我们又需要“路在脚下”。我们憧憬未来，更要立足当下。只有加快推进新基建的发展，我国才能赢得全球科技竞争主动权，进而增强我国在国际上的科技话语权，推动我国实现科技跨越发展、产业优化升级、生产力整体跃升。下面主要以人工智能为例来阐述新基建的推进措施。

从思维层面正确理解新基建。新型基础设施，既是基础设施，又是新的技术，

① 张燕. 人工智能未来已来：由感知智能向认知智能演变 将催生新业态[J]. 中国经济周刊，2020（1）：92-94.

还是新的产业方向，更是一种思维方式。因此，对新基建的理解，不能仅局限于实体层面，更需要拓展至思维层面。随着经济社会向信息化、数字化、网络化、智能化的全面转型，人类生活方式、生产方式、思维方式发生重大革命；新基建解构一切，新基建又重构一切。因此，不能就新基建谈新基建，正确的思维方式是从宏观产业、未来发展等角度跳出新基建来谈新基建，由此才能认清新基建的深刻、深远意义。

从技术创新层面正确推进新基建。工业和信息化部专家表示，发挥好新型基础设施的基础支撑作用，有必要制定推广新一代信息技术发展应用关键急需的标准，出台相关的产业数字化转型政策，进一步加快数字化转型步伐。因此，要加强研判，统筹谋划，协同创新，稳步推进，把增强原创能力作为重点，以关键核心技术为主攻方向，突破技术“禁区”，夯实新一代人工智能发展的基础，全面增强人工智能科技创新能力，加快建立新一代人工智能关键共性技术体系；要加强基础理论研究，支持科学家勇闯人工智能科技前沿的“无人区”，努力在人工智能发展方向和理论、方法、工具、系统等方面取得变革性、颠覆性突破。当前，人工智能已走出技术爆发阶段，进入落地应用、创造价值的新时代。以人工智能医疗为例，最近一两年，人工智能应用已从浅水区到深水区，浅水区更多是从实验室到临床，但到深水区后，人工智能应用不再只是“读片”，而要为临床场景赋能。

从解决深层次问题层面稳妥推进新基建。随着应用场景的深化，行业发展或要面临法律、伦理等深层次的问题。在智能新时代，数据已经成为战略资源，发展人工智能要在加强数据保护的基础上促进数据开放，同时也要注重伦理建设，保证数据的合理使用。政府、行业机构等应该加强人工智能的立法、伦理的建设和行业标准的建设。值得一提的是，2019 年 5 月，上海国家新一代人工智能创新发展试验区揭牌，并明确了建立健全政策法规、伦理规范和治理体系的相关任务。同年 6 月，国家新一代人工智能治理专业委员会发布了《新一代人工智能治理原则》，突出了负责任和开放协作的主题。“腾讯把‘科技向善’纳入公司的使命和愿景：我们每天都在研究和应用新科技，归根到底要为每一位用户负责。我们要做到‘人工智能向善’，就要努力让人工智能实现‘可知、可控、可用、可靠’。”腾讯董事会主席兼首席执行官马化腾表示，目前人类对人工智能等新科技的未知仍然大于已知。而在腾讯首席运营官任宇昕看来，“四可”原则（可知、可控、可用、可靠）将督促我们在使用人工智能时，不断思考和解决隐私安全、算法歧视、数字鸿沟等新问题，努力实现透明、普惠、责任与安全。

从数据要素安全层面推进新基建。随着人工智能技术向纵深发展，面对前所未有的网络流量洪峰，应对激增的在线需求，针对数据资源相互割裂、数据无法开放共享等问题，应在有效尊重和保护企业及个人数据安全的基础上，促进合理的开源开放；加强数据流动，通过加强相关行业立法和标准建设，建设基于共识的数据交换空间，促进数据的合理使用，前瞻性地布局数字基础设施建设，激发人工智能的更大潜能。同时，推进产业互联网应用，有必要整合5G、云计算、人工智能、大数据、物联网等关键技术，集合成“工具箱”，共享给各行各业，为各领域的产业升级提供数字化技术支撑。

从人才培养层面积极推进新基建。加快建设以人工智能为代表的新型基础设施，将带来大量的高新技术人才缺口，培养一大批具有创新能力和合作精神的人工智能人才将成为新赛道。各层次高素质的人工智能人才是人工智能科技和产业发展的第一资源。因此，要加强人才队伍建设，打造多种形式的高层次人才培养平台，加强后备人才培养力度，为科技和产业发展提供更加充分的人才支撑。例如，优必选科技创始人、董事长周剑表示，公司已在积极探索，推出相关解决方案，包括课程、竞赛、师资培训、空间建设、科创云平台等方面，并在多个城市的近2000所学校落地，帮助教师、学生学习人工智能技术，推动人工智能人才培养。

第二章
筑牢根基：人工智能何以更智能

人工智能是新一轮科技革命和产业变革的核心驱动力，具有很强的“头雁”效应，对新基建科技领域起着重大的支撑作用，而新一代人工智能的良性发展也需要新基建提供AI数据、AI算力和AI算法三个层面的基础设施支撑。

一、发展：人工智能的现在

二、挑战：人工智能的短板

三、趋势：人工智能的未来

四、关系：人工智能与新基建

一、发展：人工智能的现在

人工智能是研究、开发用于模拟、延伸和扩展人的智能的理论、方法、技术及应用系统的一门科学，具有多学科综合性、高度复杂性、全面渗透性等特征。1950 年，阿兰·麦席森·图灵（Alan Mathison Turing）在《心灵》杂志上发表了一篇具有划时代意义的论文——《计算机器和智能》(*Computing Machinery and Intelligence*)。在这篇论文中，他提出了人工智能领域的著名实验——“图灵测试”(Turing Test)。1955 年 8 月 31 日，由约翰·麦卡锡（John McCarthy)、马文·明斯基（Marvin Minsky)、纳撒尼尔·罗彻斯特（Nathaniel Rochester）和克劳德·香农（Claude Shannon）联合递交的一份关于召开国际人工智能会议的提案中首次提出“人工智能”(Artificial Intelligence，AI）一词。次年夏天，在美国的达特茅斯学院举行的会议首次将人工智能作为讨论对象进行探讨。也正是在这次会议上，人工智能的概念被明确提出——人工智能正式诞生了。

自诞生至今，短短 60 多年时间内，人工智能的发展经历了“三起两落”，大致发展历程如下[①]。

（1）人工智能的第一次崛起（20 世纪 50—70 年代)。1956 年，达特茅斯会议的召开吸引了很多著名高校投入人工智能研究领域，人工智能的发展迎来了第一次热潮，并开始逐渐走向世界。

（2）人工智能的第一次跌落（20 世纪 70—80 年代)。人工智能技术发展还处在不成熟阶段，存在数据挖掘技术落后、运算能力不足、学习能力不足等问题，导致人工智能的发展遭遇了第一个发展低潮。

（3）人工智能的第二次崛起（1980—1987 年)。在遭到第一次打击之后，人工智能的发展速度大为减缓，但并没有完全停止，最终催生了人工智能的第二次热潮。

（4）人工智能的第二次跌落（1987—1993 年)。人工智能专家系统的弊端再次显露，因此人工智能的第二次崛起很快受到了打击。

（5）人工智能的第三次崛起（1993 年至今)。人工智能技术在经历了“两起两落”之后，只有部分专家仍然一直坚守在遭受“冷遇”的人工智能领域，经过数年

① 刁生富，吴选红，刁宏宇. 重估：人工智能与人的生存[M]. 北京：电子工业出版社，2019.

的艰难探索，人工智能终于再次崛起。

人工智能的第三次崛起与前几次有很大的不同。互联网的快速发展、数据的不断积累、技术的日益完善、应用的更加广泛，使其得到了迅猛发展和大范围落地，引起了各国政府和产业界的高度关注。

我国政府更加重视以人工智能为代表的新一代信息技术的研究和应用。在全球科技创新发展的大背景下，发展人工智能已经上升为国家战略。自 2015 年以来，相关政策不断出台，大力促进了人工智能技术和产业的发展。

2015 年 7 月，国务院出台《关于积极推进“互联网+”行动的指导意见》，首次将人工智能纳入重点任务之一，推动中国人工智能步入新阶段。

2016 年 5 月，《“互联网+”人工智能三年行动实施方案》明确提出要培育发展人工智能新兴产业、推进重点领域智能产品创新、提升终端产品智能化水平。

2017 年 7 月，国务院发布《新一代人工智能发展规划》（以下简称《规划》），确立了新一代人工智能发展三步走的战略目标（见图 2-1），将人工智能上升到国家战略层面。《规划》提出，到 2020 年，我国人工智能产业竞争力进入国际第一方阵，人工智能核心产业规模超过 1500 亿元；到 2025 年，人工智能产业进入全球价值链高端，人工智能核心产业规模超过 4000 亿元；到 2030 年，人工智能产业竞争力达到国际领先水平，人工智能核心产业规模超过 1 万亿元。

图 2-1　《新一代人工智能发展规划》三步走战略目标

同年 12 月，国务院颁布了《促进新一代人工智能产业发展三年行动计划（2018—2020 年）》，从培育智能产品、突破核心基础、深化发展智能制造、构建支撑体系和保障措施等方面详细规划了人工智能在未来三年的重点发展方向和目标。

2019 年 6 月，国家新一代人工智能治理专业委员会发布了《新一代人工智能治理原则——发展负责任的人工智能》，提出了人工智能治理的框架和行动指南。

2020 年 7 月，《国家新一代人工智能标准体系建设指南》中提到，到 2023 年，初步建立人工智能标准体系，重点研制数据、算法、系统、服务等重点急需标准，并率先在制造、交通、教育等重点行业和领域进行推进。

另外，2021年7月，《人工智能标准化白皮书（2021版）》分析了人工智能发展现状、存在的问题及挑战、未来发展趋势，首次提出了人工智能参考架构，并针对我国人工智能标准化重点工作提出了建议。

在政府的顶层设计和企业的广泛参与下，人工智能技术获得了快速发展。百度、阿里巴巴、腾讯等企业已经在世界范围内成为人工智能领域顶尖的一批参与者[①]。

以百度为例，百度是我国最早进行人工智能技术探索的科技公司，也是一家以人工智能为抓手布局公司未来战略的科技巨头。经过多年的发展和积累，百度目前已经形成了较为完整的人工智能技术布局。

2016年，百度大脑正式发布。百度大脑是百度人工智能核心技术引擎，包括计算机视觉、语音识别、自然语言处理、知识图谱、深度学习等人工智能核心技术和相关人工智能开放平台。目前，百度大脑已对外开放250多项人工智能能力，服务190多万名开发者。

同年，百度飞桨正式开源。飞桨以百度多年的深度学习技术研究和业务应用为基础，是中国首个开源开放、技术领先、功能完备的产业级深度学习平台。飞桨源于产业实践，并始终致力于与产业深入融合，提供完备的工具组件、开发套件和产业级服务平台，全功能、全方位支持大规模产业应用。在新基建背景下，飞桨正携手各行各业的生态伙伴和开发者，领航产业智能化全速前进。目前，飞桨累计开发者达194万人，服务企业达8.4万家，基于飞桨的开源深度学习平台产生了23.3万个模型。

2017年，百度发布DuerOS开放平台。作为一款开放式的操作系统，DuerOS通过云端大脑时刻进行自动学习，以便让机器具备人类的语言能力，可广泛应用于家居、随身、车载等场景，同时可以结合硬件设备打造智能音箱、智能电视、智能手机、机器人、智能手表等。

百度既是人工智能基础设施的建设者，又是人工智能技术及应用创新的引领者和推动者。2020年6月，百度向外界公布了自己的人工智能新基建版图，如图2-2所示。这张版图显示，百度正依托包括百度大脑、飞桨、智能云、芯片、数据中心等在内的新型人工智能基础设施，推动智慧城市、智能交通、智慧金融、智能客服、智慧能源、智慧医疗、智能汽车和智能制造等领域实现产业智能化升级，目标是成

① 谢毅梅. 人工智能产业发展态势及政策研究[J]. 发展研究，2018（9）：91-96.

为中国新基建人工智能服务最大的提供商。

智慧城市	智能交通	智慧金融	智能客服	智慧能源	智慧医疗	智能汽车	智能制造
·百度城市大脑 ·城市智能交互中台 ·百度地图	·ACE交通引擎	·未来银行解决方案 ·数字员工	·为广电构建智能客服 ·智能办公平台	·AI中台 ·知识中台 ·无人机巡检 ·刷脸办电	·百度健康 ·临床辅助决策系统	·自动驾驶 ·Robotaxi ·车联网	·工业互联网平台 ·智能制造

图 2-2　百度人工智能新基建版图

从整体上看，百度在人工智能领域的布局侧重于应用型生态。凭借其强大的数据获取和挖掘能力，百度提供大数据存储、分析和挖掘技术，促进人工智能在医疗、交通等多领域的具体运用，同时在若干领域开放自己的人工智能生态并发布多款应用型产品。

百度强调“智能云”，阿里巴巴则强调“云智能”。阿里巴巴旗下的阿里云是中国云计算的开创者，也是领导者。国际研究机构 Gartner 发布的 2020 年全球云计算 IaaS 市场追踪数据显示，阿里云排名全球第三、亚太第一，市场份额达 9.5%，超过谷歌的 6.1%。

2017 年，阿里巴巴首次全面对外展示人工智能布局，提出将以阿里云为基础，从家居、零售、出行、金融、智慧城市和智能工业六大方面展开产业布局，以及从视觉、语音、算法到芯片构建立体合作伙伴生态。

2017 年 10 月，阿里巴巴集团宣布成立阿里达摩院，对包括人工智能、物联网和金融科技等在内的多个前沿科技领域进行基础科学及颠覆式技术创新研究。

2019 年，阿里巴巴在云栖大会上首次披露其包括人工智能芯片、人工智能云服务、人工智能算法、人工智能平台、产业人工智能在内的人工智能布局。

2020 年 6 月，阿里云发布城市大脑 3.0。城市大脑 3.0 可以通过人工智能技术实现交通、医疗、应急、养老、公共服务等全部城市场景的智能化决策。

依托以阿里云为基础的大规模分布式云计算和 GPU 集群，阿里巴巴在人工智能领域的布局主要集中在专业领域的通用应用方面，更加强调人工智能技术在商业场景中的应用而非仅仅是技术上的突破，在城市大脑、辅助驾驶、图像识别等领域大力推动人工智能的应用。

相比于百度和阿里巴巴，腾讯在人工智能领域的布局稍晚，但后发优势强劲。2017 年年底，腾讯推出“AI 生态计划”，提出将围绕场景、技术、人才、资本等，打造人工智能开放平台，通过开放腾讯人工智能能力，助力人工智能产业的发展。

在2018年首届世界人工智能大会上，腾讯作为医疗影像国家新一代人工智能开放创新平台的承建者，携旗下人工智能医学解决方案——腾讯觅影亮相。目前，腾讯觅影已与国内100多家顶级三甲医院达成合作，推进人工智能在医疗领域的研究和应用。

腾讯建立了优图实验室、AI Lab、微信人工智能实验室等多个代表业界最高技术水准的人工智能实验室。截至2020年3月底，腾讯在全球拥有超过6500项人工智能专利，超过800篇论文被国际顶级人工智能会议收录。

腾讯云人工智能计算机视觉产品中心总经理王磊对外公布，截至2020年5月底，腾讯云人工智能公有云日处理图片超过30亿张，日处理语音达250万小时，完成自然语言处理超千亿句，客户数超过200万人，服务全球超过12亿用户，多项指标位居行业第一。目前，腾讯云人工智能形成以“一云三平台”为核心的新基建架构（见图2-3），已经成为中国最大的人工智能服务提供商。

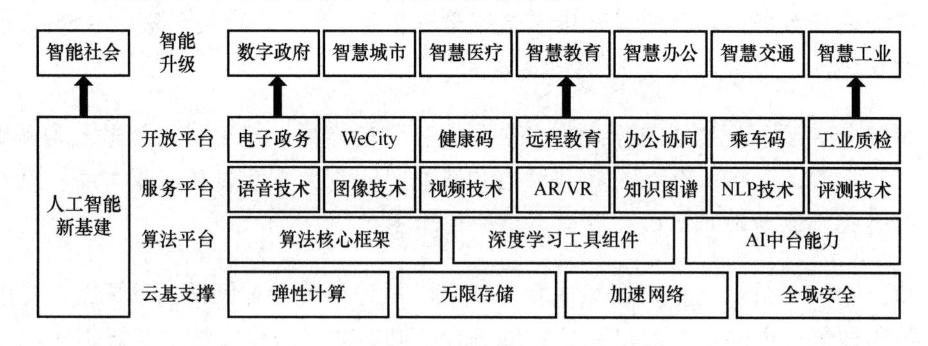

图2-3　腾讯云人工智能的新基建架构

依托高频应用和庞大用户群体，腾讯在人工智能领域的布局主要聚焦于基于用户体系的软硬件服务型生态。整体上，腾讯的人工智能战略主要基于腾讯的核心产品和技术优势，用业务驱动来推动各产品的人工智能化，从而形成人工智能在不同业务体系的突破。

随着人工智能应用规模的不断扩大，我国人工智能产业发展迅速，特别是在电子商务、自动驾驶、生活服务、医疗健康、工业机器人等领域。2020年，中国人工智能产业规模达到1606.9亿元，同比增长24.43%。

2021中国人工智能年会提到，我国人工智能企业的发展已进入爆发期。艾媒咨询测算，到2025年，我国人工智能产业规模有望达到4000亿元，成为全球最大的人工智能应用市场。

二、挑战：人工智能的短板

人工智能是引领未来发展的战略性技术，是新一轮科技革命和产业变革的重要驱动力量，是新基建的重要内容和关键支撑。当前，我国人工智能的推进取得显著成效，人工智能技术日益完善，产业规模不断扩大，应用领域逐渐拓展。为了更好地促进我国人工智能的快速发展和产业应用，加快推进人工智能新基建，我们必须清醒地认识到，目前我国人工智能发展过程中还存在一些亟待补齐的短板。

1．关键核心技术与国外差距较大

我国人工智能起步较晚，但发展情况良好。工业和信息化部的统计数据显示，我国目前人工智能技术发展水平已基本与世界先进国家同步，在计算机视觉、自然语言处理、跨媒体分析推理、自适应学习、脑机接口、生物特征识别、群体智能、深度学习、自主无人系统、智能决策控制等技术领域已经处于国际领先水平，并且这些技术已广泛应用于生产和生活中。

然而，我们必须清醒地认识到，我国人工智能的发展，特别是在一些基础建设领域还存在薄弱环节，如在与人工智能发展密切相关的关键设备、高端芯片、高精度传感器、重大产品与系统、基础材料、元器件、软件与接口等方面，与国际先进水平的差距仍然较大。

长期以来，中国的芯片大部分依赖进口。中国海关总署数据显示，2021 年前 11 个月，中国进口的芯片总量为 5822.2 亿个，同期增长 19.3%，进口金额突破 3890.6 亿美元；出口的芯片数量只有 2840 亿个左右，增速为 23%，净进口数量接近 3000 亿个。

以传感器为例，目前全球传感器市场主要有通用电气、爱默生、西门子、霍尼韦尔等企业，德国、美国、日本等拥有良好的技术基础，几乎垄断了“高、精、尖”的智能传感器市场。

我国的传感器行业起步相对较晚，传感器制造行业以中小企业为主，多数集中于低端产品的生产；而高端产品集中在少数的龙头企业及外资企业中，中高端产品较为缺乏，尤其是智能化、高精度的传感器产品难以满足市场需求。这导致我国 80% 以上的传感器及一部分传感器信号处理和识别系统都依靠进口。

赛迪产业研究院数据显示，2019 年，中国传感器市场规模达到 2188.8 亿元，同比增长12.7%。尽管中国传感器市场规模巨大，但在高端传感器方面的发展落后于欧洲和美国、日本等，特别是在精确度、功耗等性能参数方面。

2. 人工智能领域专业人才较为短缺

《中国人工智能发展报告 2018》数据显示，美国人工智能杰出人才累计达 5158 人，而中国人工智能杰出人才虽总数位居全球第二，但数量仅为 977 人，不及美国的 1/5。另一项研究也显示了类似的结果：2019 年美国马可波罗智库分析显示，在顶级人工智能研究人才中，有 59%的人在美国工作，11%在中国工作。这些数据从一定程度上反映了在人工智能领域，中美两国在顶尖人才方面存在巨大差异①。

然而，中国是美国顶级人工智能人才的最大来源国。根据美国保森基金会旗下智库的统计，截至 2019 年年底，全球顶级人工智能人才中的近六成定居美国，其中在中国接受本科教育的顶级人工智能人才占比最高，达到 29%。可见，国内很多人工智能人才出国深造后留在美国工作，这为美国人工智能行业输入了大量人才。这也是导致我国本土顶级人工智能人才匮乏的原因之一。《人工智能与制造业融合发展白皮书 2020》数据显示，中国人工智能人才缺口达 30 万人，供需比例严重失衡。

近年来，随着我国人工智能的发展，专业人才紧缺越来越成为人工智能企业发展的主要障碍。从 2020 年对中国企业的调查来看，企业认为在推进人工智能探索应用中遇到最主要的阻碍是人工智能专业人才缺乏，占比高达 51.20%，如图 2-4 所示。

同时，工业和信息化部发布的数据显示，人工智能不同技术方向岗位的人才供需比均低于 0.4，尤其是智能语音和计算机视觉等技术方向的人才供应严重不足，如图 2-5 所示。

目前，国内人工智能人才培养主要集中于基础研究和技术研发类高端人才，而对前沿理论和关键共性技术等方面的研究型人才培养不足。未来，人工智能人才培养应该打造全链条式的阶梯人才队伍，不仅要有基础研究方面的科学家、技术应用和产业融合方面的工程师与设计师，还必须有一线的技术产业工人。此外，人工智能领域还需要培养以应用为导向的人才，即在人工智能基本原理和行业研究等方面

① 张东，徐峰. 美国人工智能人才政策走向及其对中美人才竞争的影响[J]. 全球科技经济瞭望，2021，36（7）：5-8.

均有积累的跨界人才。

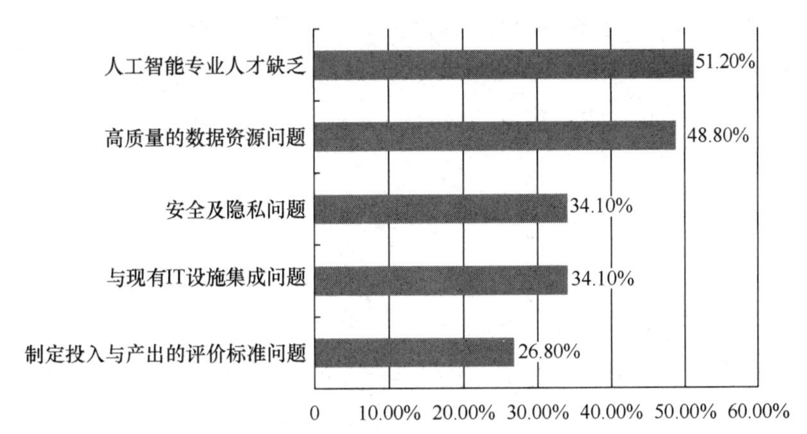

图 2-4　2020 年中国企业在人工智能探索应用中遇到的阻碍情况 TOP5

资料来源：前瞻产业研究院整理。

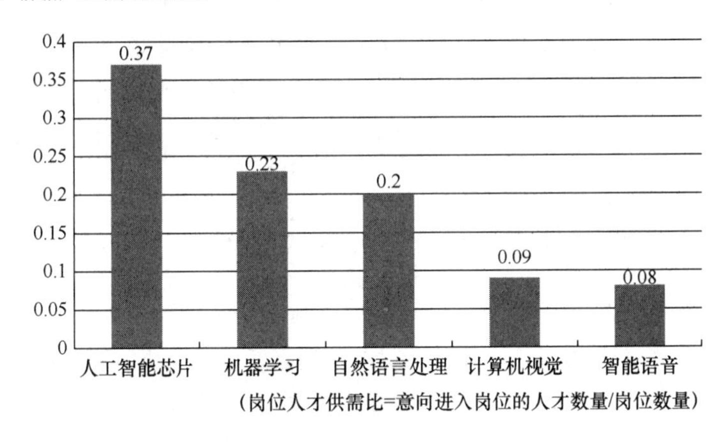

图 2-5　人工智能各技术方向岗位人才供需比

资料来源：前瞻产业研究院整理。

3. 算力能力与算法领域有待突破

数据、算力与算法是人工智能最为基础的、不可或缺的三个要素。数据是人工智能的“能源”，犹如工业时代的煤炭、石油和电力等一样重要，为人工智能的发展输入源源不断的能量，这也是大数据的发展完善能促进人工智能第三次崛起的缘由。算力是指计算能力，从最早的计算机开始，提升计算能力就一直是科研人员的目标，因为它直接关系到机器的反应速度和运算的价值。算法，是指存在于智能机器中的一系列解决问题的方法、策略和模式。人工智能发展需要算法，算法的优劣直接决定人工智能水平的高低。对于人工智能项目来说，算法几乎是灵魂。人工智能之所以能够发展到今天，是因为如上三个方面的要素得到了不同程度的发展和完善，并通过整合的方式共存于智能系统之中。而数据和算法需要算力的支撑。据IDC的预测，全球数据圈将从2018年的33ZB增至2025年的175ZB，这要求计算机的计算能力不断升级。此外，随着人工智能算法的快速发展，越来越多的模型训练需要巨大的算力支撑才能快速有效地实施。因此，算力是未来人工智能应用取得突破的决定性因素。

虽然我国人工智能发展在数据规模和算法集成应用方面都走在了世界前列，但能提供规模化人工智能算力支持的国内企业还比较有限，我国整体上在人工智能算力基础设施方面准备不足。2021年第二季度全球服务器市场报告显示，HPE、戴尔等国际巨头稳居全球服务器市场前列，浪潮、华为等国内企业市场份额有限；国内人工智能芯片企业需要依靠高通、英伟达、AMD、赛灵思、美满电子、EMC、安华高、联发科等国际巨头供货，中科寒武纪等国内企业发展刚刚起步。

在人工智能算法方面，主流框架与数据集领域的龙头企业包括谷歌、脸书、亚马逊、微软等。目前，美国已掌握TensorFlow、Caffe等深度学习主流框架，而百度、第四范式、旷视科技等国内企业的算法框架和数据集尚未得到业界的广泛认可与应用[①]。在算法研究方面，中国大多应用的是脸书、谷歌等公司提出的算法框架，在算法研究上仍待突破。

4. 缺乏高水平的开源开放平台和统一的开源标准

目前，我国面向特定领域的国家级人工智能开源开放平台建设虽已初见成效，比如无人驾驶、智慧城市、医疗图像、语音识别等方面已经有一些通用的开源开放平台，但在机器学习的通用开源算法平台方面仍然布局不够。因此，缺乏自主可控、开源开放的人工智能开发平台，是制约我国新一代人工智能发展的一个因素。

一方面，我国现已建成百度自动驾驶开放平台、科大讯飞智能语音开放平台、腾讯智能医疗开放平台、阿里城市大脑开放平台、商汤科技智能视觉开放平台五个人工智能开源开放平台，并在数据开放共享、科研成果转化和应用场景梳理等领域做出贡献。但是，我国尚未形成具有国际影响力的人工智能开源开放平台，与国际水平的差距仍比较大。国际上，较为成熟的开源开放平台是由谷歌、脸书、亚马逊、微软和IBM等国外大企业构建的，而且最为流行的TensorFlow、PyTorch、MXNet等深度学习框架也基本来源于国外。

---

① 赛迪智库人工智能产业形势分析课题组. 人工智能：以算力为核心加强基础能力建设[N]. 中国电子报，2020-01-10（006）.

另一方面，虽然人工智能技术发展迅速，但技术路线仍未收敛，框架还在衍变。现有开源平台仍存在一些技术缺陷，如分布式计算效率较低、模型编译层面还未形成标准、数据安全和资源共享还存在技术局限性。

此外，我国人工智能标准化工作起步较晚，基础较为薄弱，尚未形成完善的标准体系。行业内通用的开源标准不统一，开源代码质量参差不齐，标准化工作较国外仍有较大差距。同时，人工智能以计算机和互联网为依托，可能会面临巨大的安全威胁，进而衍生出诸如版权归属、开放标准、数据共享和隐私安全等方面的一系列问题，这些成为我国人工智能开源开放平台建设的障碍。

5. 人工智能风险治理亟待加强

同任何新技术一样，人工智能的发展也会带来负面效应和社会风险。怎样加强协同共治，尽可能预防风险发生，始终是智能科技发展过程中必须面对的重大问题。

然而，我国在人工智能风险防控和风险治理方面还存在一些薄弱环节。一方面，法律法规不健全问题比较突出。目前，我国有关人工智能法律方面的研究还非常有限，尚未形成完善的人工智能法律法规体系，具体表现为与人工智能相关的刑事责任、产权归属、信息安全、隐私保护等方面的法律亟待进一步完善，以及对人工智能法律相关的责任制度、主体权利和义务等方面还未进行规范。

当前，我国只有涉及科学技术的规范性法律文件，包括《中华人民共和国科学技术进步法》《中华人民共和国促进科技成果转化法》《中华人民共和国科学技术普及法》等。人工智能技术作为科学技术，必须遵守这些规范科学技术的法律法规。另外，《新一代人工智能发展规划》作为国家发展人工智能的大政方针，明确要求要高度重视人工智能可能带来的风险，加强前瞻预防与约束引导，最大限度地降低人工智能研发过程中的风险，以确保人工智能安全、可靠、可控发展。

虽然国家政策也有一定的规范作用，但相对于具有国家强制力和普遍约束力的法律来说，国家政策更加注重宏观性和全局性，只起指引或引导的作用。目前，与人工智能相关的法律法规及道德规范要求还不健全，尚不能有效防范控制潜在的安全风险。随着人工智能发展速度的不断加快，我国亟待制定一部专门性法律来规范人工智能的研究与发展。

另一方面，潜在的伦理风险有待化解。随着人工智能技术的不断成熟，人工智能会对现有的伦理道德体系产生巨大的冲击。由于缺乏科学、系统的伦理标准和伦理规范的制约，人工智能技术发展可能引发新的伦理问题，比如达芬奇手术机器人致死事故引发谁是责任主体、由谁来承担事故责任等伦理问题。

以医疗人工智能为例，医疗人工智能在我国卫生健康行业的应用越来越广泛，其在为医生精确诊治带来便利的同时，也有效提高了医生的诊疗质量和工作效率。然而，医疗人工智能在应用过程中面临各种复杂的伦理问题，其中一个重要问题就是责任主体的认定问题。

首先，医疗人工智能是否可以成为医疗领域的道德主体？在医疗领域，人工智能具有高度自主性和自我判断、自我学习、自我改进的能力，能够独立完成挂号、指导用药等工作，甚至在手术方面提供帮助。由此可见，医疗人工智能已经具有了人的独立意识、独立行动能力，那么医疗人工智能是否能成为道德主体，是否具有人的责任能力呢？要回答这些问题，核心在于确定医疗人工智能是否是合格主体。

目前我国法律并未赋予人工智能独立法律主体地位①。成为法律主体，前提是要具备独立的意志，但人工智能本质上是由一系列算法来操控的，是人类思维的延伸，是按照设计者预先设定的程序来运行的，不会产生自己独立的意志，并且目前还没有让其独立担任社会角色、独立担任法律关系主体的需要。

其次，医疗人工智能造成的医疗事故由谁来承担责任？在人工智能不具有独立法律人格的情况下，医疗人工智能无法对医疗侵权独立承担法律责任。那么，谁来为医疗人工智能应用中的各种事故负责呢？

医疗人工智能由于发生功能障碍或出现异常情况而造成的损害事故，有可能是因为医生操作失误导致的，也有可能是产品设计缺陷或机器质量问题引起的。那么，医疗人工智能本身质量问题导致的损害，应该由生产商负责；而手术过程中由于医生操作失误导致的损害，应当由医生来承担。

然而，手术的成功需要医生和机器的有效配合，因此在手术出现失误的过程中，任何一方都不能独立承担相关法律责任，这类医疗事故发生后的责任认定将十分困难，亟待从法律和伦理方面进行深入研究。

三、趋势：人工智能的未来

随着人工智能基础研究和关键技术的不断突破，我国人工智能进入快速发展的

① 张韶国，张义华. 医疗人工智能侵权的责任主体分析[J]. 鲁东大学学报（哲学社会科学版），2020，37（4）：73-77.

新阶段，在智能制造、智慧医疗、智慧城市、智慧农业、国防建设等领域得到广泛应用。未来，我国人工智能将催生更多以行业融合应用为引领的新技术、新业态、新模式，并逐渐呈现以下三种趋势。

1. 技术趋势

随着对人工智能技术研发的不断投入，我国部分关键核心技术发展水平较高，如我国在机器视觉、语音识别等方面处于全球领先地位，同时混合智能、群体智能、综合推理等技术正在加速发展。

《2021 年人工智能十大技术趋势报告》指出的 2021 年人工智能十大技术趋势如表 2-1 所示。

表 2-1 2021 年人工智能十大技术趋势

趋势 1	科学计算中的数据与机理融合建模
趋势 2	深度学习理论迎来整合与突破
趋势 3	机器学习向分布式隐私保护方向演进
趋势 4	大规模自监督预训练方法进一步发展
趋势 5	基于因果学习的信息检索模型与系统成为重要发展方向
趋势 6	类脑计算系统从“专用”向“通用”逐步演进
趋势 7	类脑计算从散点独立研究向多点迭代发展迈进
趋势 8	神经形态硬件特性得到进一步的发掘并用于实现更为先进的智能系统
趋势 9	人工智能从脑结构启发走向结构与功能启发并重
趋势 10	人工智能计算中心成为智能时代的关键基础设施

其中，深度学习是当前人工智能领域最受关注的方面。其将参数化的模块组装到计算图中以构建人工智能系统，用户只需要定义架构并调整参数即可。在大数据和人工智能时代，深度学习具有广阔的发展前景，但面临以下挑战①。

首先，深度学习需要大量数据才能解决简单的任务。开发能够利用更少样本或更少试验学习完成训练的人工智能系统，推出完全意义上的无监督学习方式是今后研究发展的方向。

其次，现有深度学习系统的推理能力不足，需要构建具备推理能力的深度学习系统。目前，业界已经在人工智能系统对图像、语音及文本的分解方面取得一定进

① 王雄. AI 技术的未来发展方向[J]. 计算机与网络，2020，46（8）：38-40.

展，但学习复杂的推理任务仍然远超现有人工智能系统能力的上限。

最后，深度学习系统擅长为问题提供端到端的解决方案，但很难将其分解为可解释且可修改的特定步骤。如何建立深度学习系统，确保其能够学习并规划复杂的行动序列，进而将任务拆分为多个子任务，是目前深度学习面临的最大挑战之一。因此，减少深度学习对数据的依赖性，已经成为人工智能研究人员最重要的探索方向之一。而自监督学习的基本思路是开发一种能够应对上述挑战的深度学习系统。

目前，最接近自监督学习系统的是 Transformers，这是一种在自然语言处理领域大有作为的架构方案。Transformers 不需要标记数据，可以通过维基百科等资料进行大规模非结构化文本训练，而且在生成文本、组织对话及建立回复内容方面拥有更好的表现。

目前，Transformers 已经相当流行，并成为几乎一切最新语言模型的基础技术，包括谷歌的 BERT、Facebook 的 RoBERTa、OpenAI 的 GPT2 及谷歌的 Meena 聊天机器人等都应用了该技术。

最近，人工智能研究人员还证明，Transformers 能够进行积分运算并求解微分方程。换言之，它已经展现出解决符号处理问题的能力。截至目前，Transformers 已经证明了自己在处理离散数据（如单词与数学符号）方面的价值。

总之，自监督学习的主要优势之一在于人工智能能够输出巨大的信息量。图灵奖得主 Yoshua Bengio 和 Yann LeCun 表示，自监督学习有望使人工智能产生类人的推理能力。“自监督学习才是未来”，而关于不确定性问题的处理方式仍然有待探索。

2．产业趋势

随着新一轮科技革命和产业变革的兴起，人工智能开始渗透各行业，计算机视觉、自然语言处理、语音处理等人工智能核心技术领域的突破开启了全球智能时代的新浪潮。如今，我们已经过了人工智能在各行各业试探性落地的“人工智能产业化”阶段，正处于不同产业大规模深度应用人工智能技术的“产业智能化”新阶段。

中国人工智能产业正处于高速增长期，目前国内人工智能产业链可分为基础层、技术层和应用层。中国人工智能产业图谱如图 2-6 所示。

图 2-6　中国人工智能产业图谱

资料来源：艾媒咨询。

底层是基础层，主要包括芯片、技术平台的搭建，数据中心的服务等逻辑的搭建，设计硬件、软件等相关专业，如电子科学与技术、电子信息科学与技术、光电信息科学与技术、数学、统计学等专业。未来将有更多云计算企业启动云生态战略，推动以自主为中心的云生态建设，制定标准实现大数据交流共享、大数据产业信息安全。

中间层是技术层，主要涉及计算机视觉、机器学习、自然语言处理、数据挖掘等。这几项技术与具体的行业和环节、需求相结合，形成具体、复杂的应用。2017—2020 年，中国智能人脸识别行业、智能语音识别行业的市场规模复合增长率分别达到 27.2%和 37.7%。纯中心分析模式无法满足大范围人工智能应用的需求，云边结合将取代纯中心分析成为智能化的主流选择，自然语言处理技术、语音处理技术、图像处理技术等人工智能技术将相互融合，赋予人工智能高智能化。

顶层是应用层。例如，每年“双 11”的购买推荐，就是利用人工智能对用户购买习惯进行大数据分析和挖掘得出的推荐；用面部识别解锁、支付等，就是利用人工智能的计算机视觉技术；科大讯飞的智能翻译机，用的是自然语言处理技术，这些都可以理解为人工智能的应用层面。预计到 2025 年，中国智能制造、智能安防、智能电网、智慧医疗、智能客服、智慧农业的市场规模均将迎来持续增长。人工智能的应用范围不断扩大，其中应用最广泛和领先的是汽车、金融服务、电信等高科技领域，其次是物流、新零售、媒体等行业。

然而，随着人工智能技术在场景中应用的不断深化，人工智能单点技术将无法满足行业深层次的智能化需求。因此，能够充分融入行业专家知识与能力的人机协同成为人工智能新阶段下的发展方向。

“人机协同”战略体系以人机协同平台为中心，面向人工智能应用和智能终端提供新一代人机交互、人机融合、人机共创服务，促进人工智能基础设施、算法、产业应用的协同发展。

人机协同能够同时服务于专家和消费者。专家通过行业知识的输入，以人的“长板”补充机器的“短板”，从而更好地服务消费者。同时，人工智能既可以取代机械性的、简单的、无创意需求的劳动，又能够对人的能力进行增强，从而协助专家做出更精准、更清晰和更理性的判断。人机协同正成为解决行业深度融合问题的重要方式①。

那么，人机协同技术的发展将给社会生活带来什么样的变化？我们不妨以教育和医疗领域为例进行分析。

在教育教学的过程中，教师不仅要教给学生知识，还需要建立学生的自信心及强大的内心世界、引导学生对将来的发展有自己的想法、培养学生的学习习惯和兴趣，更需要对学生开展知识融合、创造性思维、批判性思维等能力训练。

目前来看，教师的工作任务非常繁重，除日常授课外，还有班级管理、作业批改、家长反馈等工作需要处理。这些工作需要花费大量的时间和精力，严重影响教师在教学、育人方面的能动性。而人机协同技术可以帮助教师处理重复性工作，从而让教师有更多时间进行与自身专业相关的工作，将更多的精力用于培养学生的特长和能力。

但是，机器永远代替不了教师。人工智能可以代替教师批改作业，但不能取代教师对学生的爱、对学生思想的影响、对学生价值观的洞察和引导。未来的课堂将是机器人智能教学、教师情感和创新能力发挥及学生学习三者结合的课堂。

除了教育行业，人工智能也将在更多的行业内帮助实现效率的提高，比如医疗行业。人机协同技术通过将医疗专家的知识技能模型化、自动化，实现对 90%以上诊疗信息的判断和过滤，使得医疗专家可以集中处理 10%的关键性问题，从而更大程度地发挥医疗专家的专业能力。

---

① 邹德宝. 人机协同考验 AI 产业智慧[N]. 中国电子报，2020-11-20（006）.

同时，通过人工智能把专家的知识沉淀赋能给广大的普通医务人员，可让更多地区的病人获得更好的诊疗效果，从而提升整个医疗行业的效率与服务品质。

特别是在新冠肺炎疫情期间，自动识别肺部 CT 图片的机器人可以自动检测 CT 图片上新冠肺炎相关病变，并估算病变区域占整个肺部的比例，为新冠肺炎患者的筛查和病情评估提供依据。可见，人机协同技术的应用为医生节省了大量检查时间，大幅提高了诊断效率。

总之，当前人工智能发展的主要方向是人机协同，而不是简单地用机器替代人类。人机协同将提升人工智能系统的性能，使人工智能成为人类智能的自然延伸和拓展，从而更加高效地解决更多复杂的问题。

3. 治理趋势

目前，人工智能技术已被广泛运用于交通、医疗、教育、金融等领域，给人们的生产和生活带来了极大的便利。与此同时，人工智能的实际应用也会引发自动驾驶问题、智能识别问题等法律问题，以及人类决策自主受控、侵犯隐私、偏见和歧视加剧、安全责任划归困难与失当、智能鸿沟、生态失衡等伦理风险。

随着人工智能对社会的影响范围不断扩大，人工智能的自主性给现有法律秩序和伦理道德带来了相当大的挑战。基于此，亟须构建人工智能原则性法律框架及可信人工智能伦理框架。

在法律层面，我们可以通过法律进行规制，降低人工智能潜在风险向现实转化的可能性，但最困难的地方在于法律必须决策于人工智能的不确定性中。因此，未来的立法要有前瞻性，应当提供一般指引与抽象价值，构建一个原则性法律框架[①]，这样既能对人工智能的发展进行有限的约束，又赋予监管机构较大的自由裁量权，以应对未来的无限可能性。原则性法律框架由以下三个方面组成。

社会共治原则。鉴于人工智能所带来的技术风险具有全球性特点，国家、社会组织、企业、个人都无法单独应对这种技术风险。为此，可以成立一个人工智能委员会，统一制定人工智能的发展策略及应用原则。在决策程序上，坚持信息公开与开放参与相结合，为公众意见的表达提供机会。专家的背景知识必然是多元的，在确保其专业水平的同时，也要确保专家的中立性，同时减少信息的不对称性，从而提升公众对专家的信任程度。

---

① 涂永前. 规制人工智能：一个原则性法律框架研究[J]. 人工智能法学研究，2018（1）：119-132，231.

最小化风险原则。随着人工智能产品的自主性不断提升，其在一定范畴内对现实物理世界的控制也会引发公众对于安全的担忧。设计者、开发者在研发过程中，必须将人工智能造成损害的可能性降到最低，可以考虑适用严格责任原则，并以当时最先进的科技标准作为研判准则。为此，应该制定相关的安全标准，营造良好有序的监管环境，构建评估、诊断、修复的环形研发模式。此外，可以考虑设立“人工智能风险交流指南”，对于研发过程中可能存在的问题及交流的时机、方式、频率等进行指导，加强交流后的效果评估，及时对研发模式进行修正。

透明原则。要实现全社会受益于人工智能，或许需要更大程度的透明。一方面，对于可能引发公共风险的智能机器人，实行登记生效制，并建立智能人工智能追溯机制，做到对智能产品的设计架构、制造流程、安全性审查等环节全程透明，实现可追踪、可解释。另一方面，人工智能的本质在于算法和数据处理，在涉及公共利益领域时，对于人工智能的这两个关键要件应当强制信息披露，由系统定期发布信息，对其中属于商业秘密和技术专利的关键信息可以进行隐匿。

在伦理层面，针对特斯拉“自动驾驶”致死事故、人脸识别公司数据库泄露事件等人工智能信任问题，发展可信人工智能是未来人工智能健康发展的必由之路，基于此，需要构建可信人工智能伦理框架①。

基于国际人权法、欧盟宪章和相关条约规定的基本权利，欧盟提出了 4 项伦理原则，具体内容如下。

一是尊重人类自主性原则。与人工智能交互的人类必须保持主体性，而人工智能系统应当增强人的自主性和保障人的基本权利，用于服务人类、增强人类的认知能力并提升人类的技能。

二是防止损害原则。人工智能系统所用的算法及其运行环境必须是安全的，人工智能要能够抵御公开的网络攻击行为及试图操控数据或算法的隐蔽行为。

三是公平原则。人工智能系统的开发、部署和使用应全面考虑不同人群的能力和需求，使个人及群体免受歧视和偏见。

四是可解释原则。人工智能应当具有可追溯性和可识别性，其系统的功能和目的必须保证公开透明，在可能的范围内需要向受决策结果直接或间接影响的人解释人工智能的决策过程。

---

① 曹建峰，方龄曼. 欧盟人工智能伦理与治理的路径及启示[J]. 人工智能，2019（4）：39-47.

四、关系：人工智能与新基建

人工智能是新基建的一个重要方面，是新一轮科技革命和产业变革的核心驱动力，具有很强的“头雁”效应，是新基建的重要支撑；而新一代人工智能的良性发展也需要新基建提供强有力的支撑。

一方面，人工智能是新基建的重要支撑。作为新基建领域之一，人工智能对 5G、大数据中心、工业互联网等新基建科技领域起着重大的支撑作用。其中，人工智能和 5G 作为新基建范畴的两大热门关键领域，两者之间的融合发展将产生“乘数效应”，加速万物互联、万物感知、万物智能，促进经济社会的数字化、智能化转型。

以“人工智能+5G”智慧医疗为例。目前，“人工智能+5G”技术在智慧医疗领域已取得了长足的进步，其应用场景主要包括医学影像分析、远程医疗、健康管理、疫苗及医药研制等方面。

在医学影像分析方面，人工智能医学影像辅助诊断系统利用 5G 技术，高效、实时传输医学影像数据，结合云端部署的影像存储及人工智能分析辅助诊断系统，全自动快速输出结构化报告，协助高效完成基层影像诊断，解决基层医院影像诊断能力不足的问题，提高诊断效率和准确率。

在远程医疗方面，结合智能机器人无人系统技术和人工智能技术，开发可用于超声心动图诊断的机械臂 5G 远程遥控及人工智能辅助临床采集系统，为医护人员与患者提供安全的临床检查环境，实现临床超声心动图远程会诊，解决医疗水平区域化和分布不均匀的问题。

在健康管理方面，通过 5G 网络自动实时传输患者体征数据，包括血压、心率、体温等，结合人工智能技术对患者体征数据进行智能分析，可以在患者身体发现异常时及时报警，确保患者在出现心血管等突发疾病时能得到及时救治。

在疫苗及医药研制方面，利用人工智能和 5G 等技术，防疫科技工作者加快了疫苗与新药的研发、病毒的检测和药物靶标的发现等进程，从而使疫情得到了有效的防控。

目前，5G 与人工智能技术的融合发展仍处于初期阶段，今后将有更多的“人工智能+5G”智慧医疗应用场景落地，其在全面改善患者就医体验的同时，实现就医成本的降低、临床诊疗能力的拓展和医疗发展水平的全面提升。

另一方面，国家工业信息安全发展研究中心发布的《2020 年 AI 新基建发展白皮书》指出，新基建为人工智能发展提供数据、算力和算法三个层面的基础设施支撑，即 AI 数据、AI 算力、AI 算法支撑人工智能持续创新发展。

首先，AI 数据是推动人工智能落地发展的核心基础。人工智能的大规模应用需要利用海量数据对模型进行训练，因此以开放数据集、数据交易平台等数据平台为基础的 AI 数据基础设施成为人工智能新基建的重要支撑。

AI 数据量的爆发式增长为人工智能技术创新发展奠定坚实基础。随着移动互联网的快速普及，全球数据总量呈现指数级增长态势。通过对海量数据进行分析、提取、开发、利用，极大地延伸、拓展了人工智能的应用场景，为人工智能技术的创新发展奠定了坚实基础。

AI 数据开放共享支撑 AI 算法更好地落地应用。开放数据集是实现数据开放共享的重要载体，为最大化海量数据的价值提供了可能。开放数据集能够吸引开发者、合作伙伴加入，形成生态效应，有助于推动行业标准、技术规范形成，促进人工智能技术进步。此外，开放数据集能够进一步降低 AI 算法开发门槛，提升人工智能产品体验，加速人工智能应用落地，有助于提升各行业的智能化水平。

高质量 AI 数据驱动 AI 算法更加智能。AI 算法的演进升级需要高质量数据作为支撑，因此数据集的质量越高，训练的模型就越精准，模型的使用效果也就越好。例如，经过清洗标注、去掉噪声数据的高质量数据集比未经过处理的数据集更适合用于 AI 算法的训练。质量不断提升的数据集已经成为人工智能技术发展的重要推动力，高质量 AI 数据正驱动 AI 算法更加智能。

其次，AI 算力是支撑人工智能高速发展的关键要素，为人工智能技术和产业发展提供了强有力的算力支撑。AI 算力中心主要以智算中心、AI 云服务器为代表，通过集成大量智能芯片来提供充裕的智能计算能力，从而实现高性能与低能耗。

与传统算力中心相比，AI 算力中心更强调通过构建面向人工智能运算场景的算力来承载 AI 算力需求，加速智能生态建设，带动智能产业聚合。

当前，以深度学习为代表的人工智能技术需要对海量数据进行处理和训练，对算力提出了较高的要求。而以人工智能芯片为基础的 AI 算力中心针对人工智能的各类算法和应用进行了专门优化，使其能够在终端、边缘端、云端等不同应用领域发挥重要作用。

最后，AI 算法是驱动人工智能创新发展的重要引擎。AI 算法的发展降低了计算机视觉、智能语音、自然语言处理等技术的商用门槛，使其实现了大规模应用。同时，以开源框架为核心的技术研发生态和以开放平台为核心的行业应用生态已经成为人工智能发展与应用的重要基础，并逐渐成为人工智能新基建的重要发力方向。

深度学习推动计算机视觉、智能语音等应用技术实现快速落地发展。得益于深度学习技术的多领域通用性及数据驱动性，其能够直接应用于语音、文字、搜索词、视频等多个通用基础模块且可以快速迁移到各垂直领域，推动计算机视觉、智能语音、自然语言处理等技术取得突破性进展。例如，深度学习技术引领智能语音技术不断取得新突破，在语音识别、语音唤醒、语音分离、语音合成等领域实现跨越式发展，不断孵化出新的产品与应用。

深度学习开源框架是人工智能技术研发的助推器，由于深度学习的开发和部署涉及编程语言、接口、操作系统、CPU、GPU 等软硬件平台，因此需要框架提供高层的操作接口，从而让使用者更聚焦于算法运行而无须关注底层细节。随着人工智能行业竞争日益激烈，各大科技巨头力推自家的开源框架，建立自家的深度学习生态体系。

人工智能开放平台是促进人工智能应用扩散的重要基础设施。人工智能开放平台是将 AI 算法按一定标准进行编写，并将程序以便捷的操作界面封装起来的软件平台。与传统的软件平台相比，人工智能开放平台汇聚更广泛的集体智慧，具有更新速度快、拓展性强等特点，能够大幅降低企业及科研工作者的开发成本和购买成本。同时，人工智能开放平台的大规模应用也产生了大量数据，进一步促进了人工智能的发展。

Part II

第二篇

应用篇

第三章
产业融合：人工智能与产业发展

在我国经济发展既面临产业转型升级与重塑国际经济格局的机遇，又面临传统要素红利衰减、经济增速减缓、经济结构失衡的挑战的大背景下，应加快发展新一代人工智能，促进智能产业化与产业智能化，赋能实体经济，催生智能经济，不断释放我国经济高质量发展新动能的活力。

一、两种进路：智能产业化与产业智能化

（一）智能产业化

人工智能产业化贯穿了人工智能 60 多年的发展历程，然而在近几年才真正迎来爆发性增长，其发展大致经历了四个阶段，如图 3-1 所示。蔡自兴院士把人工智能产业化的发展历程分为专家系统、以模糊逻辑为代表的产业化、以智能机器人为代表的产业化、新一代人工智能产业化。

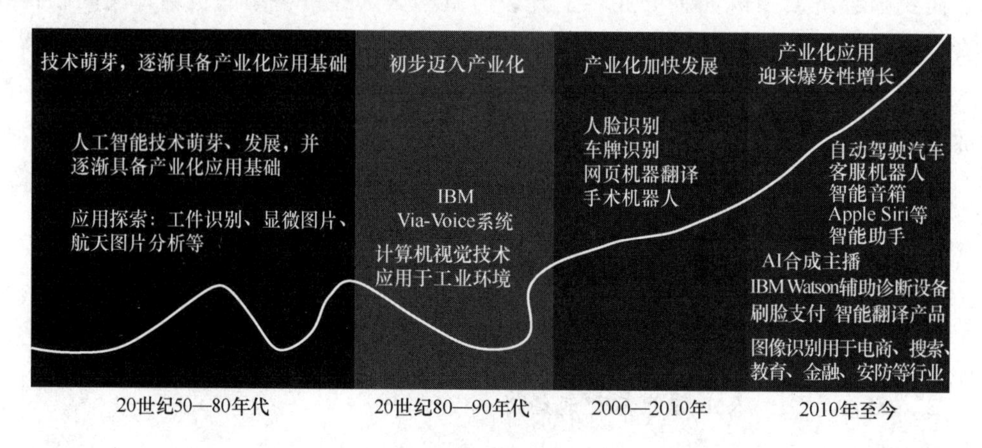

图 3-1 人工智能技术的产业化历程

资料来源：《产业智能化白皮书——人工智能产业化发展地形初现端倪》。

20 世纪 50—80 年代，以费根鲍姆为代表的科学家们成功开发并应用基于规则的专家系统，逐步掌握了应用搜索、工件识别、显微图片、航天图片分析等技术，为冶金控制、医疗诊断、计算机设计、商业与科学等领域的应用提供了得力的工具，促使人工智能技术逐步具备产业化的应用基础。

20 世纪 80—90 年代，基于扎德的模糊逻辑发展起来的模糊推理和模糊控制在工业生产过程及家电控制过程中发挥了重大作用，为这些行业的发展提供了新的有效决策、控制与管理手段。在此阶段，计算机视觉技术开始应用于工业环境，人工智能技术初步迈入产业化。尽管现在出现了许多人工智能新技术，但模糊逻辑仍然得到了广泛应用。

2000—2010 年，智能化工业机器人和服务机器人获得全面开发与广泛应用，形成智能机器人产业热潮。此外，人脸识别技术、车牌识别技术等智能技术及智能机

器人在各行各业的应用，大大加快了智能产业化的发展进程，形成了以智能机器人为代表的智能产业化。

2010 年至今，人工智能技术在各大传统领域的应用越来越广泛，产生了自动驾驶汽车、客服机器人、智能音箱等一系列智能应用，使得人工智能技术与传统产业深度结合，掀起了以德国"工业 4.0""中国智能制造"及《美国国家人工智能研究与发展战略规划》等为代表的新时代人工智能产业化浪潮，在这一阶段人工智能产业化应用迎来了爆发性增长。

这四次智能产业化过程也促进了人工智能技术的发展完善，使得人工智能从深度技术革命朝着初级产业革命的方向发展。

随着中国人工智能产业的快速发展，我国人工智能产业布局已经基本形成。当前，我国人工智能产业的发展态势主要表现在以下几个方面。

1. 我国紧跟国际发展的步伐，出台相关国家政策

为了抢占人工智能创新高地和人工智能产业化发展机遇，提高国家竞争力，各国竞相出台了一系列国家发展战略，以助力人工智能走出实验室，迈向产业化。美国早在 2011 年就发布了《国家机器人计划》，确立了在下一代机器人技术及应用方面取得领先地位的目标。2016 年之后，美国又发布了《美国国家人工智能研究与发展战略规划》《人工智能与国家安全》和《人工智能应用的监管指南》等多个重要的人工智能发展战略文件（见表 3-1）。可见，美国已经把人工智能的发展全面上升到国家战略的高度。

表 3-1　美国人工智能相关战略

时间	政策名称	主要内容
2011 年	《国家机器人计划》	建立美国在下一代机器人技术及应用方面的领先地位
2016 年	《为人工智能的未来做好准备》	将人工智能发展上升到国家战略高度，确定了研发、人机交互、社会影响、安全、开发、标准、人才七项长期战略
	《美国国家人工智能研究与发展战略规划》	
	《人工智能、自动化和经济》	应该制定政策推动人工智能发展，确保美国在人工智能的创造和使用中的领导地位
2017 年	《人工智能与国家安全》	提出制定人工智能和国家安全未来政策的三个目标：保持美国技术领先优势、支持人工智能用于和平商业用途、减少灾难性风险
	《人工智能未来法案》	要求商务部设立联邦人工智能发展与应用咨询委员会，并阐明了发展人工智能的必要性
2020 年	《人工智能应用的监管指南》	提出了管理人工智能应用的十大原则

对美国而言，保持其在人工智能领域的全球领导地位对于维护其经济和国家安全至关重要，所以美国政府政策的核心一直是维持和增强美国在人工智能方面的科学、技术和经济领导地位。为此，美国联邦政府于 2020 年 1 月发布了《人工智能应用的监管指南》。这是美国发布的首个人工智能监管指南，旨在为联邦政府对人工智能的发展应用采取监管和非监管措施提供指引。

在全球掀起新一轮人工智能热潮的背景下，日本同世界上很多国家一样加紧进行人工智能政策的顶层设计，以确保其世界科技领先地位和国际竞争力。以 2016 年发布的《日本下一代人工智能促进战略》为起点，日本不断推出相关战略规划（见表 3-2)，主要围绕基础研究—应用研究—产业化三个方面展开。

表 3-2　日本人工智能相关战略

时间	政策名称	主要内容
2016 年	《日本下一代人工智能促进战略》	在工作层面明确了总务省、文部科学省和经济产业省在技术研发方面的三省合作体制
2017 年	《人工智能技术战略》	确定了在人工智能技术和成果商业化方面，政府、产业界和学术界合作的行动目标
2018 年	《综合创新战略》	提出要通过加强官民合作，完善不同领域之间的数据合作基础，解决数据安全、个人数据跨境转移等相关问题；要培养人工智能领域的技术人才
	《集成创新战略》	将人工智能指定为重点发展领域之一，强调要加强人工智能领域的人才培养
	《第 2 期战略性创新推进计划》	重点推进基于大数据和人工智能的网络空间基础技术、自动驾驶系统和服务的扩展、人工智能驱动的先进医院诊疗系统和智能物流服务
2019 年	《人工智能战略 2019》	提出发展人工智能的战略目标是建成人工智能强国

2019 年 6 月，日本政府出台的《人工智能战略 2019》明确提出，日本发展人工智能的战略目标是：建成世界上最能培养和吸引人工智能人才的国家，并从全球范围内吸引人才；引领全球人工智能技术研发，构建可持续发展社会；强化本国人工智能产业竞争力，引领全球人工智能产业。该战略设有三大任务目标：一是奠定未来发展基础；二是构建社会应用和产业化基础；三是制定并应用人工智能伦理规范。

当前，日本积极发布国家层面的人工智能战略、产业化路线图，推动超智能社会 5.0 建设，立足自身优势，通过人工智能、物联网、大数据三大领域联动，机器人、汽车、医疗等三大智能化产品引导，突出硬件带软件，以创新社会需求带动人工智能产业发展。

在第一次人工智能发展浪潮中，欧盟落后于美国和亚洲等竞争对手。欧盟在2018年5月才发布了《欧盟人工智能战略》（见表3-3），提出将发展人工智能技术和产业能力、建立人工智能教育与培训体系、构建相适应的人工智能伦理与法律框架作为欧盟发展人工智能的三大战略支柱。

当前，欧盟正在尽最大努力参与“大数据”竞争，维护欧盟的技术主权、工业领先地位和经济竞争力。2020年2月，欧盟委员会发布了三份重要的战略文件，分别是《走向卓越与信任——欧盟人工智能监管新路径》《塑造欧洲的数字未来》《欧洲数据战略》。欧盟希望通过加快技术研发、统一和规范数字市场等，在新一轮的国际竞争中获得领先优势。

表3-3 欧盟人工智能相关战略

时间	政策名称	主要内容
2018年	《欧盟人工智能战略》	制订了欧盟人工智能行动计划，提出了欧盟发展人工智能的三大战略支柱
	《人工智能道德准则》	指出了人工智能的发展方向应该是“可信赖人工智能”
2019年	《可信赖人工智能道德准则》	提出了实现可信赖人工智能全生命周期的框架
2020年	《走向卓越与信任——欧盟人工智能监管新路径》	打造以人为本的可信赖和安全的人工智能，确保欧洲成为数字化转型的全球领导者

我国在2015年就开始制定人工智能方面的国家政策。此后，我国高度重视人工智能产业化，颁布了一系列国家战略性文件助推人工智能的发展。2017—2019年，人工智能连续三年出现在政府工作报告中，《2017年政府工作报告》中提到要加快人工智能等技术研发和转化，《2018年政府工作报告》中提到要加强新一代人工智能研发应用，《2019年政府工作报告》中则提到要深化大数据、人工智能等研发应用。从“加快”“加强”到“深化”，说明我国的人工智能产业已经走过了萌芽阶段与初步发展阶段，将进入快速发展阶段。

2. 大量资本快速涌入，投融资态势相对良好

近年来，随着国家政策的持续引导和人工智能技术的不断成熟，人工智能领域的资本市场十分活跃。2017—2018年是人工智能大爆发阶段，中国人工智能行业投融资笔数及投融资金额均实现爆发式增长。

虽然2019年我国人工智能行业的融资数量和金额呈现断崖式的下跌，资本纷纷向头部企业集中，资本市场出现“降温”态势，但在2020年的新冠肺炎疫情防控和复工复产中，人工智能技术发挥了重要作用，因此资本市场对人工智能投资恢复“升温”态势。

2020 年，我国人工智能行业投融资金额突破 800 亿元，投融资事件数近 500 件。从投资领域来看，基础技术层面的大数据、物联网、计算机视觉等领域对资本具有巨大的吸引力；在应用层面，人工智能在医疗、教育、制造等领域加速应用，吸引了众多资本的投资。

2021 年，全球人工智能市场依然保持较为活跃的投融资动态。据雷石研究所统计，2021 年第三季度的投融资事件分布在医疗人工智能、工业人工智能、自动驾驶、人工智能芯片、人工智能基础数据服务等多个领域。其中，国内人工智能投融资事件多集中在医疗人工智能、人工智能芯片、教育人工智能等领域；海外市场的人工智能投融资则更加分散，在零售、医药、娱乐等多个领域均有分布。

从融资轮次的角度看，A 轮及 A 轮之前的初始轮的投融资数量明显较少，大部分投融资事件都处于中后期（B 轮之后）。整体来看，A 轮及 A 轮之前的融资仅分布在创新性较强的领域，资金不断向 B 轮及以后轮次的成熟企业集中。可见，中国人工智能产业发展开始逐渐步入成熟阶段。

3. 产业规模不断扩大，具有强大的发展潜力

《中国新一代人工智能科技产业发展报告 2021》中对 2205 家人工智能样本企业的调研数据显示，中国人工智能企业的创建时间主要集中在 2013—2018 年，占比为 58.88%，企业创建时间的峰值出现在 2015 年，占比为 14.36%，次高峰出现在 2014 年，占比为 12.28%，如图 3-2 所示。可见，中国于 2014 年开始迎来人工智能产业创业热潮，人工智能产业基础增强。

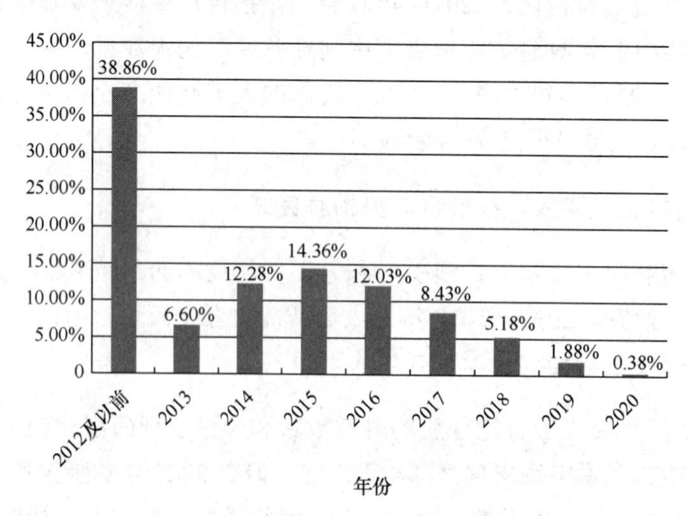

图 3-2　截至 2020 年年底我国人工智能样本企业的创建时间

近年来，随着人工智能产业基础的建设，全球人工智能企业数量快速增长。《2020年全球人工智能产业地图》数据显示，2020年，美国人工智能企业占据全球总数的38.3%，中国紧随其后，占24.66%。

《中国互联网发展报告（2021）》显示，2020年，我国人工智能企业共计1454家，主要集中在北京、上海、广东、浙江等省份，而北京和上海分别以537家和296家居前两位。从总体上看，中美两国人工智能企业数量占据全球半数以上，保持绝对竞争优势。

目前，人工智能产业发展迅速，逐渐成为拉动全球经济增长的新动力，人工智能产业规模逐年扩大。《2020年全球人工智能产业地图》数据显示，2020年全球人工智能产业规模达到1565亿美元，同比增长12.3%，但由于疫情影响，增速低于2019年。中国人工智能产业规模为434亿美元，同比增长13.75%，超过全球增速。IDC发布的最新报告数据显示，到2024年，全球人工智能市场预计将突破5000亿美元，五年复合年增长率（CAGR）为17.5%，总收入将达到5543亿美元。

（二）产业智能化

当前，我国经济发展进入新阶段，既面临产业转型升级与重塑国际经济格局的机遇，也面临传统要素红利衰减、经济增速减缓、经济结构失衡的挑战。在此背景下，我国应该加快发展新一代人工智能，持续引领农业、制造业和服务业三大产业向价值链高端迈进，加快推进产业智能化升级。

1. 智慧农业

近年来，我国对智慧农业的发展越来越重视，相继出台了一系列政策措施支持智慧农业发展，如表3-4所示。

表3-4　近几年智慧农业主要政策

时间	政策名称	主要相关内容
2012年	《中共中央　国务院关于加快推进农业科技创新持续增强农产品供给保障能力的若干意见》	加快推进前沿科技研究，在农业生物技术、信息技术、新材料技术、先进制造技术、精准农业技术等方面取得一批重大自主创新成果，抢占现代农业科技制高点
2015年	《中共中央　国务院关于加大改革创新力度加快农业现代化建设的若干意见》	加快农业科技创新，在生物育种、智能农业、农机装备、生态环保等领域取得重大突破
2016年	《中共中央　国务院关于落实发展新理念加快农业现代化实现全面小康目标的若干意见》	农业科技创新能力总体上达到发展中国家领先水平，力争在农业重大基础理论、前沿核心技术方面取得一批达到世界先进水平的成果

（续表）

时间	政策名称	主要相关内容
2017年	《中共中央　国务院关于深入推进农业供给侧结构性改革加快培育农业农村发展新动能的若干意见》	加强中低产田改良、经济作物、草食畜牧业、海洋牧场、智慧农业、农林产品精深加工、仓储物流等科技研发
2018年	《中共中央　国务院关于实施乡村振兴战略的意见》	大力发展数字农业，实施智能农业林业水利工程，推进物联网试验示范和遥感技术应用
2019年	《中共中央　国务院关于坚持农业农村优先发展做好“三农”工作的若干意见》	强化创新驱动发展，实施农业关键核心技术攻关行动，培育一批农业战略科技创新力量，推动生物种业、重型农机、智慧农业、绿色投入品等领域自主创新
2020年	《数字农业农村发展规划（2019—2025年）》	提出三个重点任务，即农业数据的收集和应用、农业养殖和种植过程中的智能设备、智能平台的构建
2021年2月	《中共中央　国务院关于全面推进乡村振兴加快农业农村现代化的意见》	发展智慧农业，建立农业农村大数据体系，推动新一代信息技术与农业生产经营深度融合

我国2012年提出推进“精准农业”技术，2015年和2016年提出在智能农业领域加强突破技术，2017—2019年连续三年提出加强智慧农业科技研发。特别是“十三五”以来，智慧农业成为现代化农业发展中的重要组成部分，我国多个政策文件中均提出要发展智慧农业及相关技术。

2020年，《关于开展国家数字乡村试点工作的通知》部署开展国家数字乡村试点工作。经过几年的发展，我国智慧农业正在从点的突破逐步转变成系统能力的提升，智慧农业建设工作取得了明显成效。

2021年，《中共中央　国务院关于全面推进乡村振兴加快农业农村现代化的意见》指出，“十四五”时期，解决好发展不平衡不充分问题，重点难点在“三农”。随着农业供给侧结构性改革的深入推进，到2025年，农业农村现代化将取得重要进展，农业基础设施现代化将迈上新台阶。

目前，我国智慧农业技术已经在智能化温室、植保无人机、水肥一体化沙土栽培系统、工厂化育苗、LED生态种植柜、智能配肥机、智能孵化机、智能养殖场8个场景上应用。同时，智慧农业技术创新取得明显进步，并在全国范围内均得到初步应用[①]。

例如，在东北、西北、黄淮海平原等大田生产领域，通过广泛应用遥感监测、专家决策系统和农机北斗导航作业等技术，实现了大田精准作业。

① 赵春江. 智慧农业的发展现状与未来展望[J]. 中国农业文摘·农业工程，2021(6)：4-8.

在养殖领域，智慧农业技术的主要应用包括动物禽舍环境监测、动物个体形态与行为识别、精细饲喂、疫病防控等，特别是近年来大范围非洲猪瘟发生后，高度智能化的楼房养猪发展迅速；此外，我国南方的智慧水产养殖发展也很快。

在园艺领域，目前所有的现代玻璃温室和40%的日光温室普遍采用了环境监测、水肥一体化技术；设施食用菌产业也广泛应用了信息技术来进行产量和品质的控制。

在农业农村信息服务领域，通过机器学习、时空大数据挖掘、知识图谱构建、语音智能识别等技术的应用，实现了个性化精准服务。

虽然我国智慧农业正处于初级阶段，但发展速度较快。《中国智慧农业行业市场深度调研及2017—2021年投资商机研究报告》数据显示，早在2013年，我国智慧农业的产业规模已达到4000亿元，仅以应用（硬件和网络平台及服务）为基础的智慧农业市场就有望在2022年达到184.5亿美元的规模，年均复合增长率达13.8%。

在我国智慧农业发展的过程中，京东农场的科技化、数字化创新提供了一个典型的案例。从农产品生产、加工、流通到终端销售各环节，京东农场正通过自身物联网、人工智能、区块链等技术的积累向传统农业开放赋能，用数字化技术手段深刻变革农业产销模式，推动传统农业向数字化、智能化转变。

京东农场于2018年开始数字化农业探索，京东与合作企业共建现代化、标准化、智慧化农场，对农作物耕种管收全过程实施管控和数据管理，以确保高品质农作物生产全链条信息公开。

2019年，京东农场首次公布了整套业务流程，即“五位一体”的全流程业务模式。其应用物联网、区块链、人工智能等科技手段，按照京东农场全程可视化溯源体系，高标准制定农场生产和管理标准，打造高品质杂粮基地。

京东农场通过深入农业生产种植和加工仓储环节的全程可视化溯源体系，把所有种植关键环节完全呈现给消费者，帮助消费者树立信任、放心消费；制定农场生产和管理标准，从农场环境、种子育苗、化肥农药使用、加工仓储包装等全流程进行规范和标准化，以保证农产品的安全和品质；依靠物联网、区块链、人工智能等技术，实现精准施肥施药及科学种植管理，降低农场生产成本，提高农场工作效率；通过京东在营销、金融、大数据及京东农场自身品牌等方面的能力，扶持农场进行品牌包装、推广和营销提升。

京东农场通过“五位一体”的业务模式，解决了当前农产品市场缺信任、缺标准、缺技术、缺品牌、缺销路的问题。京东农场在各区域不断落地，在带动当地农民增收致富、助力乡村振兴的同时，也为行业提供了切实可行的智能农业解决方案，进而推动中国智能农业标准与体系的建立。

2020 年 12 月，京东农场与安姆科科技公司共同推出了内嵌 RFID 溯源芯片软包装（见图 3-3），即“京东农场&Amcor 羊肥小米定制包装（2kg）”，该软包装产品集成了 RFID（NFC）芯片，可以帮助消费者进行防伪鉴真并提供溯源信息。该产品的上市解决了全球范围内软包装内嵌 RFID 溯源芯片难以商业化的难题。

图 3-3　RFID 在软包装上的玩法

当消费者收到产品时，只需要打开京东 App，将智能手机靠近包装正面的 NFC 标志，即可查看专属于该产品的唯一身份码，以及相关的质检、溯源、原产地文字和视频信息。这款内嵌 RFID（NFC）芯片的软包装，不仅能让消费者在第一时间验证所收到产品的真伪，还可以让消费者在享用产品之余，以一种更充满趣味性的方式进一步深入了解产品，如图 3-4 所示。

在未来万物互联的 IoT 时代，随着 RFID 的成本降低，集成芯片类的包装将越来越多地出现在市场上，并在冷链产品的全程温湿度控制、无人零售、实时库存管理及高端产品的防伪鉴真和溯源领域发挥越来越重要的作用。

目前京东农场已成为国内领先的数字农业系统平台，在黑龙江、四川及海南等已落户 20 余家。京东农场通过与各地农场合作共建高品质生产基地，深入种植前端开展生产标准化和规范化探索，搭建从田间到餐桌的全程可视化溯源体系，有效从生产端提升农产品质量和品质。

图 3-4　羊肥小米的可视化追溯

其后，京东农场又推出“京品源”品牌，搭建起产销全流程服务体系，在品牌、产品、渠道、营销等方面对合作项目进行全面的支撑。在新基建大潮下，京东农场正在化身“数字农业引擎”，助力中国农业进驻数字化时代。

从京东案例可以看出，我国的智慧农业呈现良好的发展势头。但是，我国智慧农业也存在整体规划缺乏、技术短板明显、科技投入和信息化水平不高、复合型高素质人才不足、农业劳动者从事智慧农业意愿不高、智慧农业发展受要素资源影响大、创新性农业商业模式匮乏等诸多问题。为此，应该积极营造适应智慧农业发展的制度环境，激活要素，激活主体，释放更大的市场活力，为智慧农业的发展保驾护航。

2. 智能制造

我国智能制造起步较晚，但发展较快。近几年，政府发布了一系列政策推动智能制造发展。近年来我国智能制造行业的相关政策如表 3-5 所示。

表 3-5　近年来中国智能制造行业的相关政策

时间	政策名称	主要相关内容
2021 年	《“十四五”智能制造发展规划》	到 2025 年，规模以上制造业企业基本普及数字化，重点行业骨干企业初步实现智能转型。到 2035 年，规模以上制造业企业全面普及数字化，骨干企业基本实现智能转型
2018 年	《工业互联网发展行动计划（2018—2020 年）》	到 2020 年年底，初步建成工业互联网基础设施和产业体系
2017 年	《高端智能再制造行动计划（2018—2020 年）》	到 2020 年，突破一批制约我国高端智能再制造发展的拆解、检测、成形加工等关键共性技术，智能检测、成形加工技术达到国际先进水平
	《促进新一代人工智能产业发展三年行动计划（2018—2020 年）》	力争到 2020 年，实现“人工智能重点产品规模化发展、人工智能整体核心基础能力显著增强、智能制造深化发展、人工智能产业支撑体系基本建立”的目标
2016 年	《智能制造发展规划（2016—2020 年）》	2025 年前，推进智能制造实施“两步走”战略和十个重点任务

随着制造业智能化发展的不断推进，深度学习、机器视觉、语音识别、自然语言处理等人工智能技术加快向制造业生产和管理各环节渗透应用。其中，机器视觉技术广泛应用于加工件的尺寸测量与定位、工序间自动化、质量检测等生产制造环节；语音识别技术主要应用于制造过程的检控环节；深度学习技术主要应用在制造业的预测、经营和管理环节，如产量和销售管理、多产品并进生产、预测性维护等；智能机器人技术用于焊接、搬运等环节。

《全球智能制造发展指数报告（2017）》评价结果显示，全球各国根据智能制造水平可分为四大梯队：引领型国家、先进型国家、潜力型国家和滞后型国家（见图 3-5）。

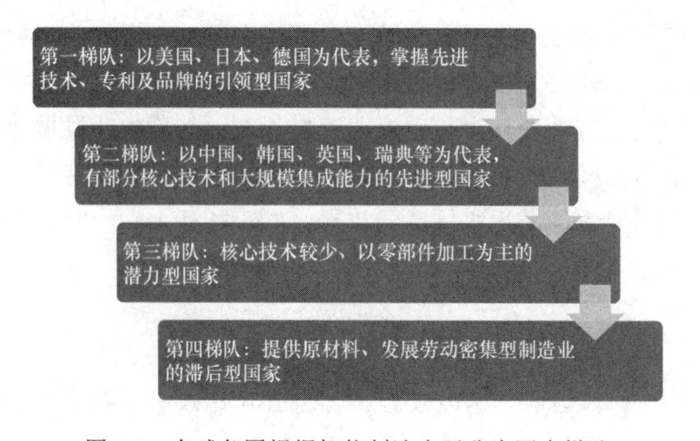

图 3-5　全球各国根据智能制造水平分为四大梯队

中国在全球智能制造评比中位居第二梯队，处于电气自动化+数字化发展阶段。我国 90%的制造业企业部署了自动化生产线，但仅 40%实现了数字化管理，5%打通了工厂数据，1%使用了智能化技术。此外，各细分行业智能制造现状差别较大，电子电器、工业装备、航空航天、汽车等行业的智能制造普及程度较高。

但是，我国智能制造的发展还存在不足：一方面，关键技术的自主开发能力较弱，如智能装备中的部分关键零部件（减速机等）、工业软件（CAD/CAE 等）均被国外厂商垄断；另一方面，网络化技术的普及、数据的采集和整合都需要较长时间的积累，中国现有数百万家工业企业分布在工业转型的自动化、数字化、网络化和智能化各阶段。

目前，有了国家对智能制造的大力支持，我国智能制造行业市场规模保持较为快速的增长速度。中国智能制造的整体市场规模已达千亿元，贯穿设计、生产、仓储、物流、销售、服务等整个产业链。

2010—2020 年，我国智能制造业产值规模逐年攀升；2020 年，我国智能制造业的产值规模约为 25056 亿元，同比增长 18.85%（见图 3-6）。未来几年，我国智能制造行业将保持 15%左右的年均复合增速，到 2026 年，我国智能制造业产值规模将达到约 5.8 万亿元（见图 3-7），整体来看，行业增长空间巨大。

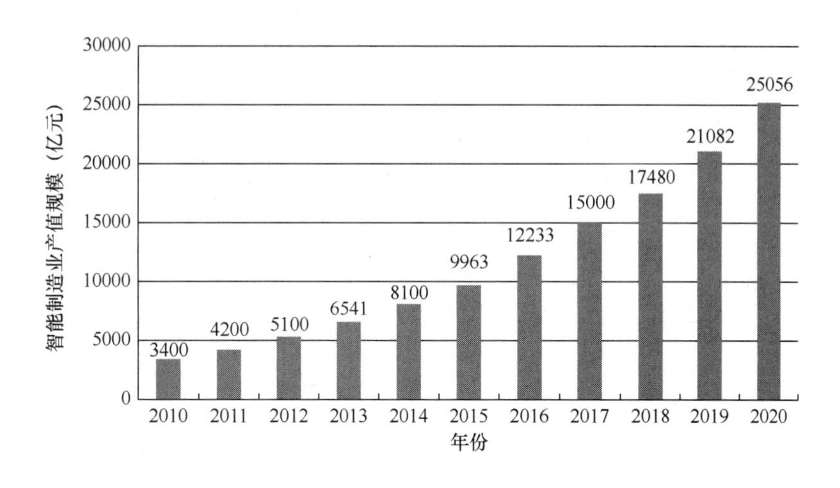

图 3-6 2010—2020 年中国智能制造业产值规模

资料来源：前瞻产业研究院整理。

随着我国智能制造的不断推进，美的、格力、富士康等制造业企业，以及阿里巴巴、京东、老干妈、正大食品等非传统制造业企业，纷纷踏入智能化、无人化转型之中。

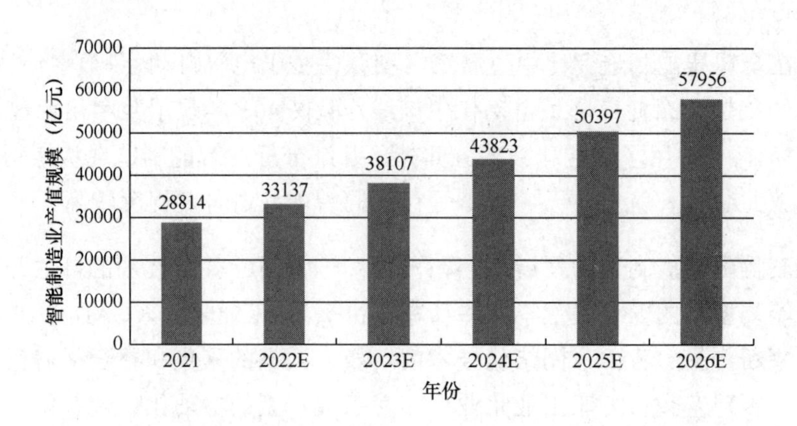

图 3-7　2021—2026 年中国智能制造业产值规模及预测

资料来源：前瞻产业研究院整理。

其中，美的是中国制造业中数字化程度最高的企业之一，它的数字化转型历程是中国制造业企业转型升级的一个典型样本，也是中国制造走向“中国智造”的一个缩影。下面以美的智能化转型为例来展示我国目前智能制造的实际发展状况。

随着数字经济和互联网企业的兴起，作为传统制造企业的美的，面临着利润空间受挤压、市场反应慢、库存积压多、资金占用大等多方面的挑战。基于此，美的开启了智能化转型之路，如图 3-8 所示。

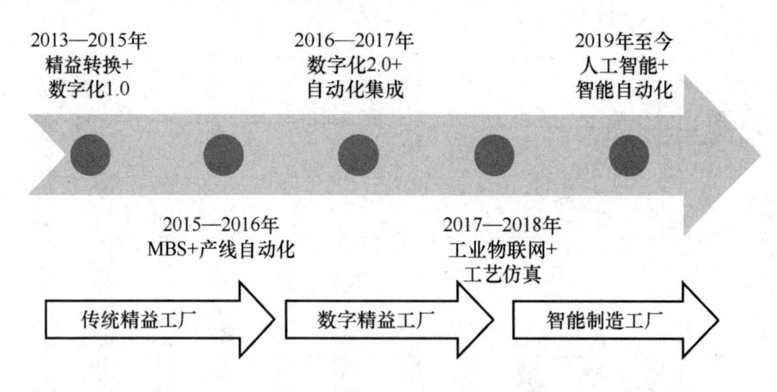

图 3-8　美的智能化转型之路

2013—2015 年，美的通过全面重构 IT 系统开启数字化转型进程的第一阶段，即数字化 1.0。其通过全面实施“632”战略，构建了集团内部的六大运营系统、三大管理平台、两大技术平台。

2015—2016 年，美的推进“互联化+”，通过移动化、大数据、智能制造及美的云系统的落地，应对互联网的变革。

2016—2017 年，美的进入数字化 2.0 阶段，提出 T+3、C2M 等柔性定制模式，并通过在洗衣机事业部先行进行布点，实现数据预警与数据驱动，推进数字化营销、智慧客服、标准化模块化及数字化柔性制造等业务变革和系统升级。

2017 年年初，美的以 37 亿欧元完成对德国库卡机器人 94.55%股份的收购。美的团试图借助库卡的技术实力，推动自家制造工厂进行智能化改造升级，从而在与格力、海尔等公司的竞争中抢占优势地位。在库卡的助推下，美的不仅在公司战略层面建立了高度可控、无缝衔接的智能制造创新驱动体系，而且提出了针对不同产品的智能制造系统解决方案。

2017—2018 年，美的着力建设工业互联网。基于多年在数字化转型过程中对全价值链各环节变革与提升的总结和沉淀，美的于 2018 年 10 月发布了全新的 Midea M.IoT，如图 3-9 所示。

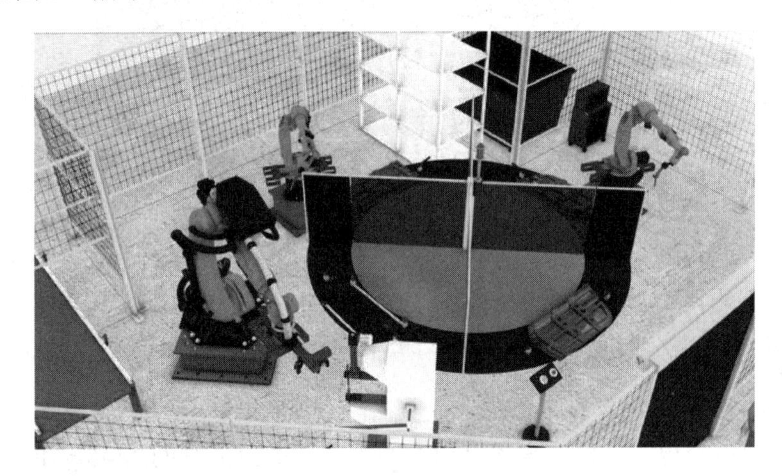

图 3-9 Midea M.IoT

2020 年，美的开启了第二次重大转型，推动全面数字化和全面智能化。未来，美的将着重建立发展 IoT 生态平台、美云销商业平台及全天候的工业互联网平台三大创新平台。

目前，美的在智能化转型中取得的成就主要表现在以下几个方面。

一是打造柔性化生产的智能制造体系。在自动化方面，美的通过应用机器人技术、智能设备等手段对原有生产线进行升级改造。智能化改造对于美的来说不只是为了应对劳动力成本上升问题，也是为了打造柔性化生产、高效运作的智能制造体系（见图 3-10）。

美的目前主要包含消费电器、暖通空调、机器人与自动化系统及数字化业务四大板块。其中，美的在智能装备领域的进步主要体现在以工业机器人为代表的设备研发、生产及相关服务上。通过收购库卡及与高创、安川等企业进行合作，美的已经基本覆盖了机器人行业的全产业链。

图 3-10　美的生产车间的智能制造体系

同时，美的自身的生产线及配套物流体系的建设也为智能装备提供了广阔的测试场。总之，美的本身在传统工厂信息化改造、自动化升级上的积累，叠加上先进的工业机器人技术，可以形成完整的智能工厂改造解决方案。

二是空调生产车间的智能化改造。美的空调生产车间的智能化改造是美的“智造”的一个比较突出的案例。一条普通空调生产线的换型时间为 45 分钟，一次组装合格率为 97%，信息化品质控制点有 6 个，工人数量为 160 人，机器人数量为 0。与之相比，空调全智能生产线换型时间降至 3 分钟，一次组装合格率达到 99.9%，信息化品质控制点升至 108 个，工人数量降至 51 人，机器人数量升至 68 台。

美的方面表示，2011 年美的家用空调用工人数历史最高时曾达到 5 万人，2015 年减少至 2.8 万人，2018 年进一步减少到 1.6 万人；机器人数量则从 2011 年的 50 台上升至 2015 年的 562 台，2018 年已上升到 1500 台。美的的目标是到 2022 年在旗下工厂安装 7000 台机器人，计划到 2024 年机器人产能达到每年 7.5 万台。

美的之所以大力推动智能制造技术，最重要的因素是智能制造技术可以提高产品质量和合格率，用市场订单、消费者的需求来驱动美的整个制造与供应链的运作，从而提升客户忠诚度。此外，智能制造技术可以实现柔性化生产，例如，让转换产品型号的时间缩短至 3 分钟，让工厂可以生产多批次、小批量的订单，满足个性化订制的需求。

三是启动“632”信息化提升项目。在 IT 系统建设方面，美的通过对企业经营管理各环节进行深入的价值分析来确定数字化项目的实施方案及步骤，首先实现数字透明，然后实现数字驱动。早在 2008 年，美的为满足单一的外销产品品质追溯应用的业务诉求，开展了传统 MES 的建设，对生产结果和关键件品质进行了信息化的记录，提高了一些业务领域的工作效率。

在 2012—2015 年，美的有针对性地启动了“632”信息化提升项目（见图 3-11），其核心就是智能精益工厂建设。在“632”信息化提升项目的基础上，信息化建设向大供应链体系中的各环节任务流动，实现了生产管理的专业化和标准化，并最终提高了美的的生产运行效率。

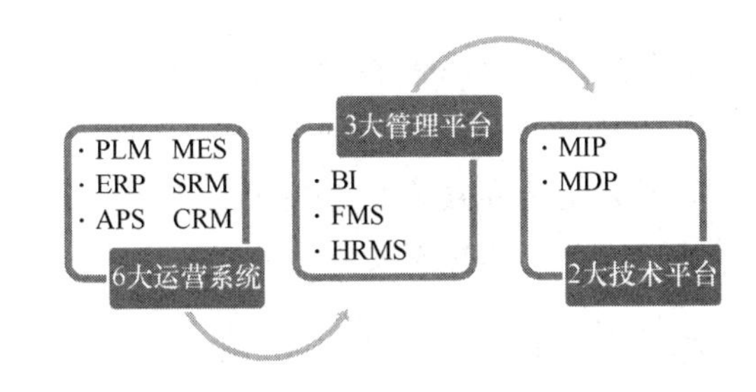

图 3-11　美的“632”信息化提升项目的主要内容

四是进行精益化管理。从 2013 年起，美的进入了全面制造信息化应用阶段，形成了垂直式的集团式 MES 管理平台，在全流程品质、计划衔接及执行、物流拉动、数字化透明工厂及移动化、设备联机等方面不断取得新进展、新突破。

MES 管理平台有效固化了业务流程和管理标准，支撑精益管理的集团化和扁平化。精益化 MES 管理平台已经深入制造、管理的各方面、各环节，通过信息流拉动和贯通共享，提升美的的业务管控能力，为管理创新创造了新的局面。

如今，美的进入了以“智能制造+智能产品”双智战略为标志的新时期，智能制造发展进入了构建科学、精益、高效管控的新阶段。未来，美的将以全面数字化、全面智能化战略为基础，以大湾区发展为契机，持续深化全球研发布局和自主创新，不断提升国际创新力和影响力，不断创新产品服务和商业模式。

3．智能服务

“智能+服务”是智能时代发展的必然趋势，将改变人们的生活和工作方式。从当前人工智能与服务行业的融合来看，“智能+服务”已经逐步取得了突破性进展。人工智能等新一代信息技术广泛应用于各服务行业，推动服务业由数字化向智能化方向发展，将服务业的转型升级提升到了新的高度。特别是在金融、零售、医疗、教育等数据密集型行业，新模式新业态已然崛起。

例如，苏宁银行发布集存款、贷款、理财、支付等多种业务功能于一体的借记卡，全面开启个人金融业务服务；广发银行推出可以向客户推荐基金，提供风险提示、调仓建议、盈亏提醒、市场调研报告等多重功能的充当客户随身投资顾问的智能投资理财平台；刷脸业务及智能办理业务逐渐走进银行业，为客户办理业务提供了更高效、更便捷的服务。在零售行业，亚马逊等大型企业为了改善其供应链和后勤部分的运营模式，已经开展了对人工智能企业的收购。法律服务、人力资源管理、翻译、电商等领域出现了人工智能的替代服务，多个职业受到冲击①。一些行业的部分岗位已经实现了人工智能机器设备对服务领域人工的取代。

下面以智能客服行业为例进行介绍。感知技术的成熟，使得基于人工智能技术的智能客服在行业的应用与发展方面前景可观。在全球人工智能市场蓬勃发展与国家战略政策的支持下，中国人工智能技术快速发展，智能客服行业发展具备基本的技术支撑。基于此，中国智能客服逐渐兴起并迎来快速增长。

智能客服的全天候服务、低成本优势是其被企业广泛采用的关键因素。艾媒咨询数据显示，人工智能已经被广泛运用到企业生产制造、物流供应、销售拓展等多个业务环节。其中，2020 年，在客户服务领域应用了人工智能的企业比例达到 20.20%，如图 3-12 所示。

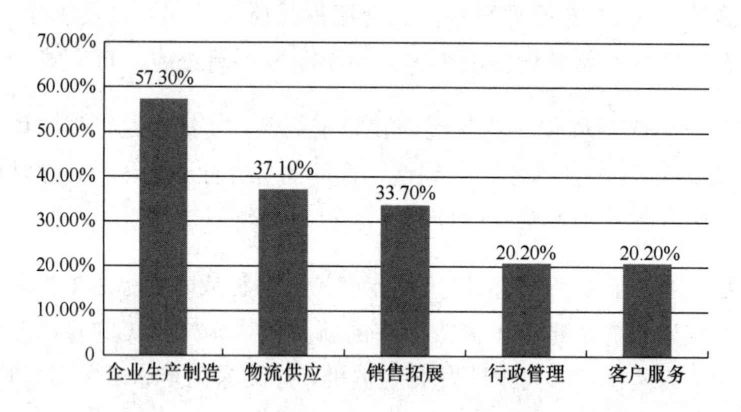

图 3-12　2020 年人工智能在中国企业业务环节应用占比

智能客服已经融入人们日常生活，用户人口基数大。2021 年，办理话费等业务是智能客服使用最常见的场景，其次是在电商平台购物、办理银行业务与违章等交通业务，如图 3-13 所示。

① 徐星颖. 服务业智能化发展的模式和趋势[J]. 竞争情报，2018，14（4）：51-57.

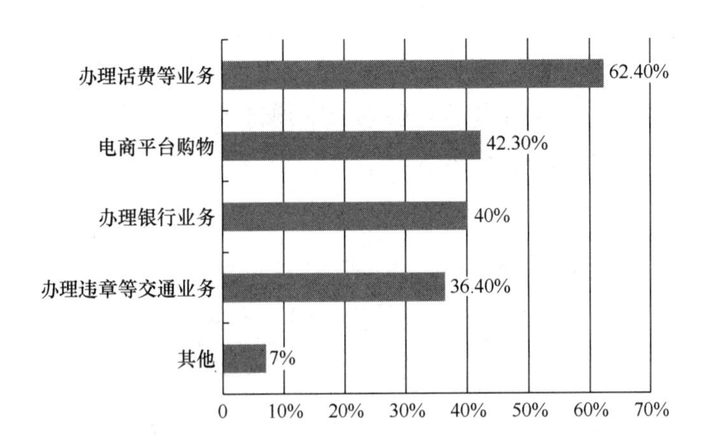

图 3-13　2021 年中国用户智能客服应用的常用场景

艾媒咨询数据显示，2020 年中国智能客服行业市场规模达到 30.1 亿元，同比增长 88.1%。未来，随着技术的日益成熟，智能客服行业市场规模将迎来新的突破，预计 2022 年将达到 452 亿元（见图 3-14）。

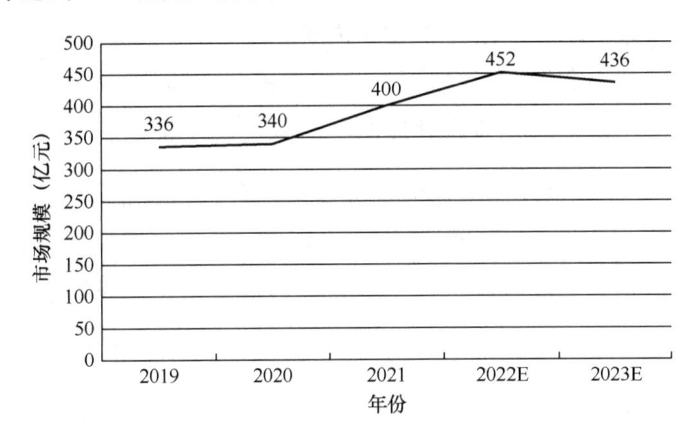

图 3-14　2019—2023 年中国智能客服行业市场规模及预测

目前，国内各大互联网巨头纷纷入局，如智能客服市场的领先者——腾讯企点。《2021 年中国智能客服市场报告》显示，腾讯企点位于中国智能客服市场领导者象限第一，在协作能力、服务场景多元化、全渠道服务、研发潜力及知识建设能力上均占据明显的竞争优势。

2021 年上半年，腾讯企点客服产品线进一步迭代升级，先后推出微信客服、音视频客服和客户通，成为行业首家实现全通路融合的企业。目前，腾讯企点客服产品覆盖超过 100 万家企业，连接用户 3.5 亿人，涵盖年会话数达 42 亿条。

进入产业互联网时代，为了满足行业新的发展需求，腾讯企点发布了新一代智慧客户服务，包括一个前台（连接智能）、两个中台（数据智能和运营智能），多维度提升企业的业务体验、伙伴体验，驱动企业内部建设智慧客户运营体系，外部加强跨产业上下游企业及生态合作伙伴产、供、销、服的协同效率，从而有效支撑客户体验升级。

从连接智能层面来看，腾讯企点新一代智慧客户服务具备全渠道触达能力，企业可以通过微信、QQ、电话、音视频通信、网页及 App 等各渠道实现企业与客户、售前售中售后各环节、公域获客与私域运营的有效连接。

腾讯企点新一代智慧客户服务里的数据智能则可以帮助企业沉淀客户数据资产，统一识别客户，为客户的个性化需求提供更加快速、精准的服务。此外，为帮助企业实现在寻源、谈判、互动、交易、售后等各种复杂场景中的智能运营，腾讯企点新一代智慧客户服务基于其领航业务中台，提供了运营智能。

在民生服务层面，腾讯企点仅用三天时间就支撑“江苏智慧人社”微信小程序部署上线了“视频办”功能，让人社服务在疫情期间“不打烊、不断线”。目前，该功能已经在扬州开放给企业和市民使用，未来将覆盖江苏省 13 个地市、上百个区县、上万家企业，进一步提升江苏省人社厅服务质效，优化企业、民众办事体验。

数据显示，作为腾讯 SaaS 布局的重要组成部分，腾讯企点已经为教育、工业、零售、泛互、金融、物流、会展等超过 80 个行业提供了数字化方案。未来，腾讯企点会通过持续的技术、产品、方法论创新，延伸服务场景，帮助企业构建更高质量的 SaaS 服务生态。

未来，随着人工智能技术的进一步更新迭代，中国智能客服行业将会出现以下发展趋势。

一是中国智能客服发展前景看好，多方位打造智能系统。整体而言，现阶段智能客服使用较为方便，能够为企业节约人力成本，但问题解决程度有限，受认可度略低于人工客服（见表 3-6）。未来智能客服企业应积极迎合用户需求，从问题解决程度、服务效率、使用效率等各方面为用户打造一个更加满意的全方位智能化客户服务系统。

表 3-6　2021 年中国智能客服与人工客服使用体验对比

对比项	智能客服	人工客服
问题解决程度	9.6%	71.0%
服务效率	29.1%	39.1%
使用效率	27.3%	42.3%

二是智能客服将与人工客服相辅相成。目前，智能客服尚存在诸多问题，认可度略逊于人工客服，多数中国用户仍然更偏好人工客服。未来，人工客服仍将长期存在，并可能从与智能客服相互竞争发展为与智能客服相辅相成。人工客服能够弥补智能客服的不足，提出智能客服改进的方向，而这一过程也将更加凸显人工客服的重要性，提高人工客服的积极性，二者将形成一个良性互动循环。

三是智能化、个性化将成为核心竞争力。智能客服的使用普及范围广、应用场景多元，已经逐步嵌入人们日常生活，拥有广阔的市场空间。但智能客服的智能离真正的智能尚存在较大差距，回答千篇一律、循环重复操作是用户使用智能客服的主要痛点。创造兼具智能化与个性化的智能客服解决方案，将成为未来智能客服企业抢占市场份额的重要竞争点。

二、质量为先：人工智能与实体经济

（一）人工智能与实体经济融合发展的必然性

目前，我国实体经济中只有小部分制造、科技型企业使用人工智能技术，人工智能与实体经济的融合应用及推广范围都比较有限，尤其是制造业和农业的智能化水平与智能应用率还比较低。人工智能与实体经济深度融合发展是大势所趋，我国需要将人工智能与实体经济的融合作为新的经济增长点，带动制造业和农业等传统产业转型升级。

首先，人工智能与实体经济的融合发展是建设现代化经济体系的需要。要建设现代化经济体系，需要完善的基础设施和先进的生产技术提供技术支撑，这就需要人工智能、大数据、云计算、物联网、区块链、数字孪生等新兴技术为其提供源源不断的发展动力。

其次，人工智能与实体经济的融合发展是制造业转型的需要。近年来，我国持续推进供给侧结构性改革，针对传统制造业中出现的产业结构失衡、产能过剩等问题一直在积极调整结构和去产能，但在制造业向智能化转型升级方面依然面临巨大的困难，如整体技术水平低、生产设备落后、生产成本高、经济效益差和智能化程度低等。因此，传统制造业亟须提高智能化普及率，运用人工智能技术提高生产效率，降低生产能耗和成本，提升制造业利润，进而从总体上提高实体经济的智能化水平。

最后，人工智能与实体经济的融合发展是服务业智能化的需要。一方面，我国目前传统服务业在服务业总量中占比很高，但传统服务业的服务手段和经营方式比较落后，限制了人工智能技术的大规模应用；另一方面，虽然以金融、信息、物流、商务等行业为代表的新兴服务业已经在一定程度上与人工智能进行融合，但由于新兴服务业在服务业总量中占比较小，服务业整体的智能化水平仍然不高。总之，新兴服务业的加速发展必须依靠人工智能技术作支撑，而传统服务业的转型升级也必须依靠人工智能技术。因此，服务业需要加深与人工智能技术的融合，从整体上提升智能化水平，改善和提升服务质量与服务水平。

（二）人工智能赋能实体经济

2019 年 3 月，中央全面深化改革委员会第七次会议指出，“促进人工智能和实体经济深度融合，要把握新一代人工智能发展的特点，坚持以市场需求为导向，以产业应用为目标，深化改革创新，优化制度环境，激发企业创新活力和内生动力，结合不同行业、不同区域特点，探索创新成果应用转化的路径和方法，构建数据驱动、人机协同、跨界融合、共创分享的智能经济形态。”可见，实施人工智能与实体经济的创新与深度融合，已成为人工智能发展的一个趋势。

一方面，人工智能作为新型基础设施的重要支撑，能够有效促进产业转型升级、推动经济高质量发展。也就是说，人工智能已经成为赋能实体经济、助推高质量发展的新动能。

艾瑞咨询报告显示，2020 年，我国人工智能赋能实体经济的市场规模达到了 820 亿元。随着人工智能等智能技术与实体经济的融合越来越深，未来几年人工智能赋能实体经济的市场规模将有一个大突破，预计 2022 年将达到 1573 亿元，2023 年将达到 2124 亿元，如图 3-15 所示。

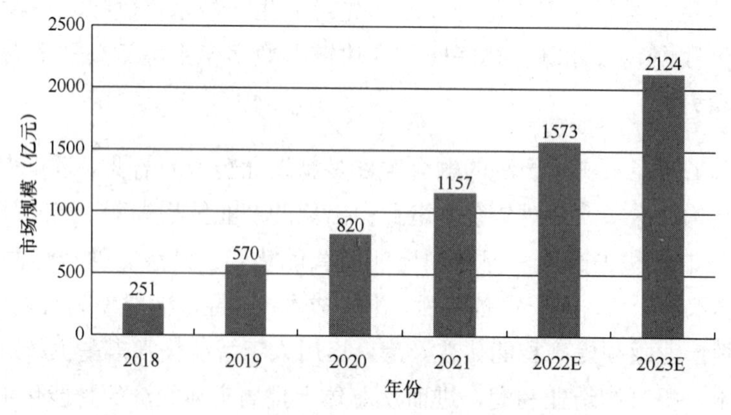

图 3-15　2018—2023 年中国人工智能赋能实体经济市场规模统计及预测

资料来源：前瞻产业研究院整理。

另一方面，人工智能是引领新一轮科技革命和产业变革的战略性技术，人工智能未来的应用场景将更广泛，如智能安防、智能交通、智能制造、智能营销、智能零售、智能会计、智能金融、智能决策、智能医疗、智能教育、智能家居等。

以智能安防为例，在新兴技术迭代的推动下，智慧化成了安防行业发展的主流形式，平安城市、智慧城市、智能交通等一系列重大项目的推进也有力地促进了安防产业的发展。

艾瑞咨询发布的《2021 年中国 AI+安防行业研究报告》显示，2020 年，中国安防行业产值为 8510 亿元，同比实现 2.9%的增长（见图 3-16）；“AI+安防”总体市场规模达 453 亿元。

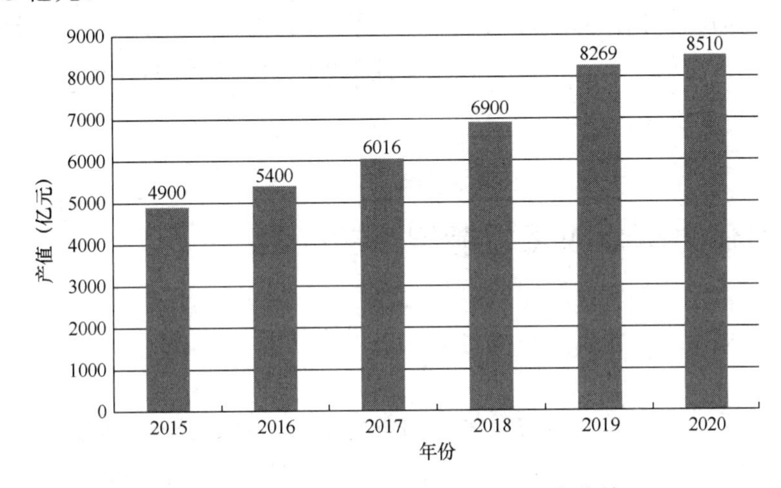

图 3-16 2015—2020 年中国安防行业产值情况

目前，我国智能安防在具有地域特点的传统安防行业的基础上，发展形成了三大产业集群：以电子智能安防产品生产企业聚集为主要特征的珠三角地区、以高新技术和外资企业聚集为主要特征的长三角地区，以及以集成应用、软件、服务企业聚集为主要特征的环渤海地区。这三大产业集群占据了我国安防产业约 2/3 以上的份额，其产品方面的优势领域各有不同，如表 3-7 所示。

表 3-7 智能安防行业三大产业集群的优势领域

产业集群	典型省市	优势领域
环渤海地区	北京	光端机、电子巡更、门禁
	天津	高速球、云台生产制造
长三角地区	江苏	安防线缆、高速球、防爆摄影机
	浙江	DVR、高速球
珠三角地区	广州	楼宇对讲、公共广播

资料来源：前瞻产业研究院整理。

国内智能安防经过多年发展，已经形成较为完整的产业链。智能安防产业链上游为零组件供应商、算法和芯片供应商等；中游为软硬件设备设计、制造和生产环节，主要包括前端摄像机、后端存储录像设备、音视频产品、显示屏供应商、系统集成商、运营服务商等；下游为产品分销及终端的城市级、行业级和消费级客户应用。智能安防的应用非常广泛，遍及城市各主要场景，并在各类垂直领域涌现创新应用。

我国政府历来重视公共安全，在国家政策的支持下，安防产业飞速发展。未来，智能安防将会出现以下发展趋势：一是模块化集成，包括硬件、软件、监视识别和决策等模块；二是场景定制，依据各细分场景，如智慧校园、智慧园区、智慧场馆等对安防设计的差异化要求，深度定制行业解决方案；三是智能视频分析，在采集大量视频图像数据的基础上，基于人工智能技术实现对图像的分析，从而更有效地辅助城市管理。

三、诚信为基：人工智能与智能经济

（一）我国智能经济的发展现状

科技创新是推动人类社会发展进步的不竭动力。随着新一轮科技革命和产业变革的不断推进，特别是大数据、人工智能、移动互联网、云计算、5G、区块链、数字孪生等新一代信息技术的应用，人类将进入智能经济时代。

党的十八大以来，以习近平同志为核心的党中央，坚持把科技创新摆在国家发展全局的核心位置，高度重视人工智能、智能产业、智能经济的发展。近年来，随着人工智能技术与实体经济的深度融合，我国围绕智能经济举办了世界数字经济大会、智能经济高峰论坛等各类大型会议和论坛，通过智能产品的展示及智能企业之间的交流，更好地促进智能经济的发展。

2019 年 10 月，百度创始人李彦宏在乌镇世界互联网大会上首次提出“智能经济”，他认为智能经济的快速发展将给全球经济注入源源不断的新活力，将成为拉动世界经济新一轮发展的重要动力。

2020 年 9 月，2020 世界数字经济大会暨第十届中国智慧城市与智能经济博览会展示了各种高新智能产品。数字经济综合馆内，华为公司展示了机器人系统和各种形式的机器人，智能制造馆内有供参观者现场体验的 5G 技术支持的虚拟现实游戏。

2020 年 12 月，百度苏州分公司总经理吴毓林在 2020 智能经济创新大会中提道，“人机交互方式的变革”“基础设施层面的巨大改变”“催生新的业态”是智能经济的三个层面，已经触达人们生活的方方面面。

2021 年 7 月，百度智能云在 2021 智能经济高峰论坛上宣布全新升级战略，以“云计算为基础”支撑企业数字化转型，以“人工智能为引擎”加速产业智能化升级，云智一体“赋能千行百业”，促进经济高质量发展，更注重赋能实体经济高质量发展。

2021 年 10 月，在 2021 世界数字经济大会暨第十一届智慧城市与智能经济博览会上，工业和信息化部信息技术发展司副司长江明涛建议，要加快培育数据要素市场，建立健全数据要素市场机制，加快建立数据资源确权、交易流通等基础制度和标准规范，推广数据管理成熟度评估国家标准，“提升数据管理和开发利用水平，为数字中国建设夯实基础”。

从历史视角看，人类社会的智能化发展趋势不可阻挡。从时代机遇看，发展智能经济是培育我国经济发展新动能、塑造国际竞争新优势的着力点。我们要通过大力发展智能经济，将智能技术与其他行业、产业成果进一步嫁接、渗透、融合，持续提升我国产业链、供应链的现代化水平。

（二）我国智能经济发展面临的挑战

在国家政策的大力支持下，智能技术不断突破，平台消费、智能消费等新兴需求快速成长，我国智能经济发展迎来了加速期。我国发展智能经济在具备较好条件的同时，也面临一些挑战①，主要表现在以下几个方面。

1. 智能经济的技术创新能力有待提高

智能经济时代网络的承载量、数据存储量和信息的处理速度都将呈现几何级倍数的增长，对信息通信和智能技术的突破性进展提出了更高、更迫切的要求。但是，我国很多企业对技术创新应用重视程度不够。由于智能技术的研发、应用往往投入大、回本慢，部分企业对智能领域的研发投入积极性不高，关键技术储备不足，技术创新应用能力不强。

《2020 版欧盟工业研发投资记分牌》数据显示，2019 年全球研发投入 TOP 2500 家公司的研发投入合计 9042 亿欧元，占全球商业部门研发投入的 90%，占全球总研

① 中国发展研究基金会《中国智能经济发展白皮书》课题组. 智能经济助力经济向高质量发展[N]. 社会科学报，2021-02-25（002）.

发投入的比重超过60%。而2019年全球研发投入TOP 2500家企业主要分布在美国、中国、欧盟、日本等主要经济体，其中美国以775家名列榜首，中国以536家排名第二，欧盟421家，日本309家，如图3-17所示。

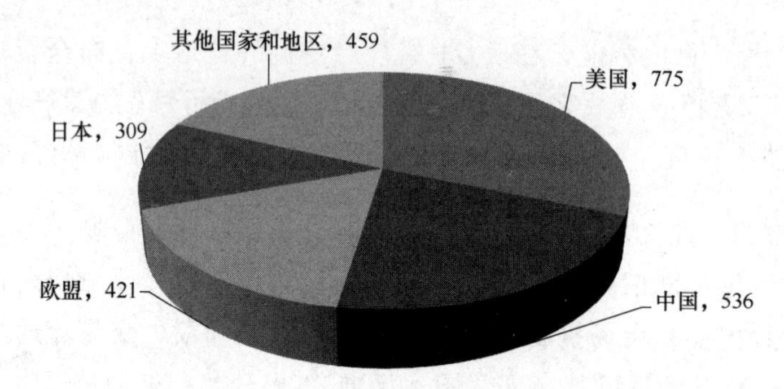

图3-17　2019年全球研发投入TOP 2500家企业区域分布（单位：家）

资料来源：欧盟，前瞻产业研究院整理。

其中，2019年美国进入全球研发投入TOP 2500的755家企业的研发投入总额为3477亿欧元，占比为38.45%；中国进入全球研发投入TOP 2500的企业研发投入为1188亿欧元，占比为13.14%（见图3-18）。由此可见，中国的科技研发投入与美国相比差距较大。

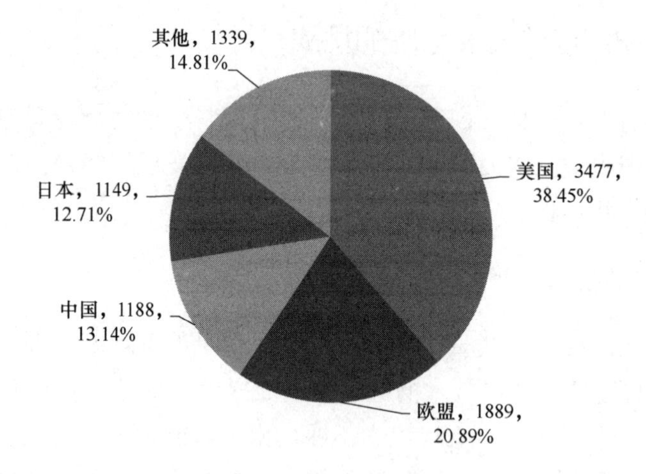

图3-18　2019年全球研发投入TOP 2500家企业研发投入区域分布（单位：亿欧元）

资料来源：欧盟，前瞻产业研究院整理。

2．智能经济的市场规模亟须扩大

近年来，我国智能经济延续蓬勃发展态势，智能经济市场规模由2005年的2.6万亿元上升至2020年的39.2万亿元，如图3-19所示。2015—2020年，我国智能经济占GDP比重逐年提升（见图3-20），由27.00%提升至38.60%，2020年占比比2019

年提升 2.4 个百分点。

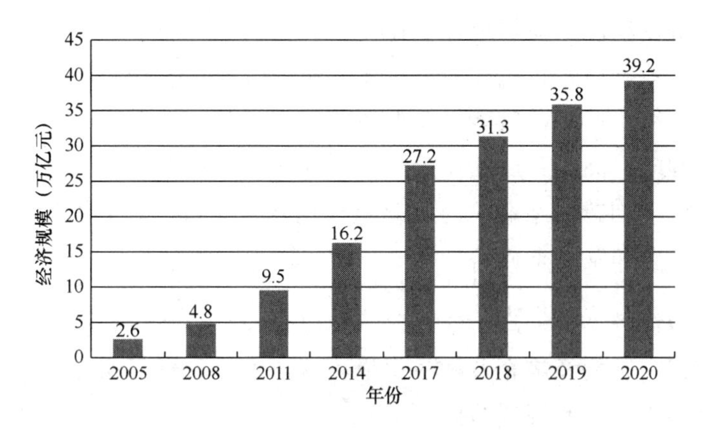

图 3-19　2005—2020 年中国智能经济规模

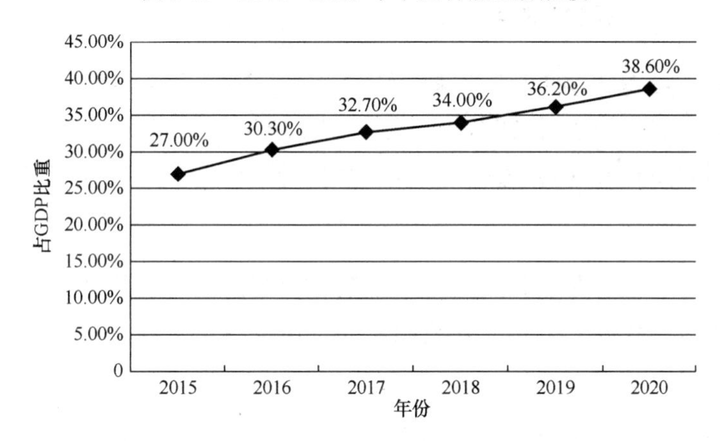

图 3-20　2015—2020 年中国智能经济占 GDP 比重

智能经济占我国 GDP 比重逐年增加，目前已超过 1/3，可见智能经济在国民经济中的作用进一步凸显。但相对于美国、德国、英国等发达国家超过 50%的 GDP 比重，我国智能经济仍有很大提升空间。

此外，我国虽然培育出一批成长性较好的新经济代表性企业，但在企业规模、品牌知名度、市场竞争力等方面与发达国家相比差距明显，缺少能引领智能经济发展的大型龙头企业。

3. 支撑智能经济发展的技术创新体系有待完善

当前，我国智能经济技术创新体系建设中还有一些问题亟待解决。例如，现有的技术创新载体众多，创新资源较为分散。

另外，智能经济亟须建设富有活力的创新生态系统。在智能科技产业化的过程中，智能经济发展表现出明显的“极化”现象，北京、上海、深圳和杭州等城市正在建设智能经济创新区。而智能经济创新区的创新主体表现出明显的多元化特征，不仅包括智能企业，而且包括政府、大学、科研院所和中介组织，共同构成富有活力的创新生态系统。可见，智能经济的兴起和发展是多元创新主体相互协同创新和发展的结果。同时，高度开放的创新生态系统是多元创新主体的互动和协同创新的关键因素。因此，创新生态系统的培育和建设能为多元创新主体互动和协同创新创造一个优越的生存和发展条件。

此外，智能经济“政一产一学一研一用”合作良性互动的机制没有完全形成；资本市场不完善，智能经济企业融资渠道不畅，直接融资门槛过高，导致融资结构严重失衡，这些也是需要解决的问题。

4．智能经济面临网络安全挑战

国际知名公司 NETSCOUT 的调查结果显示，2021 年上半年，网络罪犯发动了约 540 万次分布式拒绝服务（DDoS）攻击，比 2020 年上半年增长 11%。与此同时，美国咨询公司 Cybersecurity Ventures 称，网络犯罪活动是人类未来二十年将面临的最大挑战之一。

可见，网络安全已经成为全球经济发展中面临的最大挑战之一，也是我国经济发展过程中不可避免的一大挑战。我国平均每年在网络安全领域的损失高达 600 亿美元，居全球第二、亚洲首位。

近些年来，随着智能经济市场规模的逐渐壮大，我国智能经济的发展面临日趋严峻的信息安全问题，安全威胁、高危漏洞、勒索软件、个人信息泄露、网络攻击等网络安全事件频繁发生，基础设施面临巨大的威胁，特别是在金融与能源行业。

以金融行业为例。2020 年 10 月，蚂蚁金融公司的 24 个 IP 遭受 DDoS 攻击，峰值累计 5.84TB，影响蚂蚁金融公司侧互联网网关服务入口的运行。由于 DDoS 攻击的攻击流量过大，超过了 IDC 内部防护能力，蚂蚁金融公司调用了三次云堤海外黑洞服务，累计资金损失达 6000 元。

一般而言，受到 DDoS 攻击之后，金融交易网站业务不可访问、无法进行交易，将直接带来用户的经济损失。同时，互联网金融用户使用的金融站点不可访问，极易造成用户信任危机。

5．数据质量问题有待解决

发展智能经济，数据是基础，但我国在数据质量方面还存在一些问题。一方面，大部分数据资源都掌握在政府部门手里，大量的数据沉淀在各部门服务器里，潜力和价值未能得到充分挖掘，造成政府数据资源的浪费和低效运用。此外，部分地方政府在公共数据开放方面存在“重数量轻质量”的问题，导致数据低容量或碎片化、数据空行或重复、开放数据格式不规范、存在隐私数据内容等数据质量和安全问题，公共数据资源利用价值低，并且存在一定的数据安全风险。近年来，国内部分地区通过启动智慧城市建设，在一定程度上消除了政府部门数据壁垒，提高了数据共享水平，但仍然面临少数机构信息资源开放不足的情况。

另一方面，我国企业开展数字化转型的时间较晚，企业数据尽管数量庞大，但准确性、规范性、关联性不足等因素导致数据质量不高。《2019中国企业数字化转型及数据应用调研报告》统计显示，中国企业的数字化转型整体尚处于起步阶段。已开展数字化转型的企业也普遍面临系统化建设滞后、数据管理水平及数据质量不高的困境。超过80%的企业的数据以非结构化为主；超过90%的企业内部存在数据孤岛；约80%的企业不认可自身数据挖掘能力。同时，仅有不到40%的企业采购第三方数据，多数企业没有对外寻求优质的第三方数据供应商的意识。

（三）我国智能经济未来发展趋势

智能经济作为新经济的典型代表，将在更大范围内催生新技术、新业态、新模式和新产业，将在生产生活的诸多方面带来深刻变革，将人类社会引入智能社会。未来，智能经济将成为中国经济的新标签，并出现以下趋势。

1. 与新一代信息技术深度融合

“十四五”期间，新一代信息技术和实体经济将继续深化融合，推动经济向数字化、网络化、智能化方向发展，催生数字经济的新业态，实现经济生产方式的转变和经济发展质量的改善。

工业互联网作为新一代信息技术与工业系统全方位深度融合的产物，成为新一代信息技术与实体经济融合、实现实体经济数字化转型的关键路径。工业互联网通过结合新一代信息技术，推动数字经济进一步向实体经济的更多行业、更多场景延伸，成为数字经济创新发展的关键支撑。

人工智能既是引领产业变革的战略性技术，也是实现产业转型升级的重要资源和动力。经济数字化转型发展的关键动力来自人工智能等前沿技术的创新突破。

此外，云计算将为实体经济与虚拟网络结合产生的大数据提供算力支持；物联网和 5G 为大数据在网络中的传输贡献技术条件；数字孪生技术作为新一代信息技术的大集成，将广泛用于企业数字化升级和智能工厂建设，在汽车、电子制造业等领域加速普及。

2．“跨界融合”趋势将更加显著

智能经济是智能技术与各种要素融合的产物，通过融合将技术实体化、泛在化，推动实现经济社会各领域的互联互通和兼容发展，促进多技术的集成应用和多领域的跨界创新。相比以往的经济形态，智能经济具有更强大的跨界整合能力。

通过“智能+”方式，跨界、跨行业的融合发展正在成为经济发展的新形态。当前，“智能+”已成为传统企业转型升级的有效途径，并在各行业广泛应用，蓬勃发展。例如，在煤炭行业，以云计算、大数据、工业互联网等智能技术为支撑的智慧矿区、无人矿井建设不断加快；在农业领域，无人机、智能遥感、物联网等技术被越来越多地应用于大田粮食作物生产监测、农产品质量安全监控等方面。

同时，大量智能技术的应用也推动产业迭代不断加快，产业集群向产业生态转变，产业边界进一步被打破，产业价值链不断分解和融合。

智能经济作为平台经济、共享经济、微经济三位一体的全新经济形态，充分体现了产业融合发展的特点——由智能技术到智能应用，再到智能产业化发展，最终形成智能生态圈。新基建将进一步降低创业与技术门槛，提升创新速度，助推生产效率，同时将创造大量跨界融合的新机会，加速智能社会的到来。

3．新基建将加速智能经济发展

中国正在下大力气积极推进的新基建，是人类进入智能经济和智能社会前最大的基础设施扩张工程。新基建有机会在中国率先掀起全面人工智能化的潮流。新基建不仅是应对新冠肺炎疫情影响的重要举措，更承担了提升中国经济发展质量的重大使命。

新基建所包含的信息基础设施、融合基础设施、创新基础设施都是智能经济的重要组成部分，也是提供数字转型、智能升级等服务的核心驱动力。例如，在交通、能源等领域，新基建将大大提高效率，推动经济增长。因此，新基建将加速智能经济的发展，为中国在未来引领智能经济时代奠定坚实的基础。

我们应抓住这个黄金窗口期，推动人工智能、大数据、数字孪生等创新技术与实体经济融合向纵深发展，从而为我国经济长久发展提供稳定且持续的智能引擎，助力逐步形成以国内大循环为主体、国内国际双循环相互促进的新发展格局。

第四章

技术赋能：人工智能与社会变革

在新一轮科技革命与产业变革的浪潮中，人工智能赋能社会的方方面面，尤其在医疗、教育、能源、城市建设、社区建设等领域具有突出的驱动作用。在新基建背景下，人工智能必将持续开拓新的应用场景，并进一步改变人们的生产和生活方式，成为社会变革的强大引擎。

一、医改无忧：人工智能与医疗

医疗关系到千家万户的幸福和安宁，也关系到社会的稳定和发展。为了进一步解决看病难问题，医疗领域亟须借助人工智能技术来减轻医生的工作压力，减少医生因仓促诊断而出现的误诊、错诊情况，从而提高诊疗的效率和质量，改善医患关系。医生借助人工智能技术能够对病人进行预诊断，并结合临床经验对患者的病情做出更加科学、准确的诊断。此外，人工智能应用于医疗领域，还能够减轻病人的疼痛感和缩短病人痊愈的时间。

近年来，我国对“人工智能+医疗”高度重视，积极推动人工智能在医疗领域的发展，发布了多项医疗人工智能的相关政策（见表4-1）。

表4-1　我国医疗人工智能相关政策

时间	政策名称	主要相关内容
2017年	《“十三五”全国人口健康信息化发展规划》	充分发挥人工智能、虚拟现实、增强现实、生物三维打印、医用机器人、可穿戴设备等先进技术和装备产品在人口健康信息化和健康医疗大数据应用发展中的引领作用
	《“十三五”卫生与健康科技创新专项规划》	研究数据分析和机器学习等技术，开发集中式智能和分布式智能等多种技术方案，重点支持机器智能辅助个性化诊断、精准治疗辅助决策支持系统、辅助康复和照看等研究，支撑智慧医疗发展
	《新一代人工智能发展规划》	推广应用人工智能治疗新模式新手段，建立快速精准的智能医疗体系。探索智慧医院建设，开发人机协同的手术机器人等设备。基于人工智能开展研究和新药研发，推进医药监管智能化
2018年	《国务院办公厅关于促进“互联网+医疗健康”发展的意见》	完善“互联网+医疗健康”支撑体系
	《全国医院信息化建设标准与规范（试行）》	利用人工智能技术对疾病风险进行预测，实现医学影像辅助诊断、临床辅助诊疗、智能健康管理、医院智能管理和虚拟助理
	《关于深入开展“互联网+医疗健康”便民惠民活动的通知》	加快推进智慧医院建设，改造优化诊疗流程。推进智能医学影像识别、病理分型和多学科会诊及多种医疗健康场景下的智能语音技术应用，提高医疗服务效率
2020年	《中华人民共和国基本医疗卫生与健康促进法》	推进全民健康信息化，推动健康医疗大数据、人工智能等的应用发展，加快医疗卫生信息基础设施建设
2021年	《医疗器械监督管理条例》	将医疗器械创新作为发展重点，完善医疗器械创新体系

《医疗器械监督管理条例》提出，国家制定医疗器械产业规划和政策，将医疗器械创新纳入发展重点，对创新医疗器械予以优先审评审批，支持创新医疗器械临床推广和使用，推动医疗器械产业高质量发展。

在国家政策及医疗领域社会需求的推动下，我国医疗人工智能行业得到了迅速发展。智研咨询发布的《2021—2027年中国医疗人工智能行业市场运行状况及发展前景展望报告》显示，我国2020年医疗人工智能行业的市场规模达到了265亿元，较2019年同期增长46.41%，如图4-1所示。预计到2027年，中国医疗人工智能的市场规模将达到1400亿元。

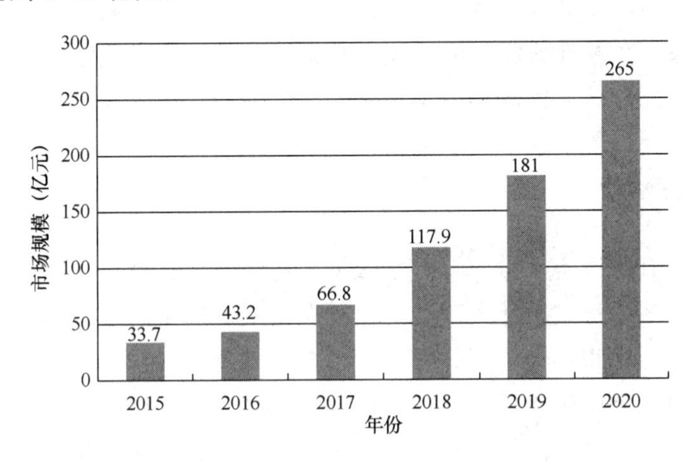

图4-1 2015—2020年中国医疗人工智能行业市场规模

目前，我国人工智能在医疗领域的应用越来越广泛，主要涉及智能诊断、辅助诊疗、医学影像识别、智能新药研发、医疗机器人、健康管理等多个细分领域，呈现人工智能与医疗领域不断融合的高速发展态势。

（一）智能诊断

智能诊断是指计算机借助人工智能的图像识别和深度学习技术，对经影像学检查的病灶部位进行快速且精确的识别，对病灶关键属性参数进行测算分析，并对潜在的病灶给予定性、定量诊断，从而提高临床医生的工作效率和诊断准确率，缩短诊断时间，减少对疾病的误诊和漏诊。

目前，人工智能技术在疾病诊断中获得了广泛的应用。例如，GE医疗发布了肝脏人工智能分析平台，该平台首次将人工智能技术在磁共振方面的应用突破磁共振的成像周期，进入读片和诊断周期，可实现肝脏部位多个病灶的自动提取和自动描述、病变性质的智能分析，并将肝脏磁共振动态增强扫描速度提升60%。这不仅大大提高了影像科的工作效率，提升了诊断能力，而且更能为临床决策提供自动化、数据化、规范化的影像信息。

此外，我国研发了人工智能诊断疟原虫系统，该系统由图像采集模块、细胞检测模块、疟疾分类模块和疟疾诊断模块四部分构成。检测人员采用智能手机拍照，就可以实时进行血涂片的现场或远程检测。这有利于非洲等疟疾高发地区的人们提高疟疾的检测能力和诊断水平，并尽量减少人工操作，从而降低检测人员的工作强度，提高检测效率。

由此可见，将人工智能技术融入医疗诊断活动中后，能将医生从烦琐的工作中解放出来，使医生在疑难杂症分析、重病患者诊治方面的时间更充分、精力更充足，从而大大提高了医疗诊断活动的效率，对于医疗就诊活动的开展具有积极作用。

（二）辅助诊疗

基于历史检查、检验、诊断等医疗数据，将自然语言处理、深度学习、图像识别等技术用于疾病诊疗中，让人工智能模拟医生的临床推理诊断思维，把病患的病历信息与中文医疗知识图谱进行智能比对，分析病患的各项身体健康指标，并制订初步的诊疗方案，为医生诊断和治疗疾病提供辅助支撑。医生可以参考人工智能辅助诊疗的方案并结合自己的临床经验，做出更加科学的临床决策，从而大大减少误诊、错诊的情况，使诊疗过程更加高效。

全球较为著名的人工智能辅助诊疗系统 IBM Watson，主要应用于癌症的诊断和治疗。Watson 在学习了 200 本肿瘤领域的教材、290 种医学期刊和超过 1500 万份文献后，已经进入临床应用，提供的治疗方案覆盖了乳腺癌、肺癌、直肠癌、结肠癌、胃癌、宫颈癌、卵巢癌、前列腺癌、膀胱癌等，能够帮助临床医生为肿瘤患者选择最佳的治疗方案。

Watson 辅助诊疗的流程如图 4-2 所示。首先是分析患者的病历。Watson 可分析临床记录和报告中的结构化与非结构化数据，“读懂”以普通英语记录的关键患者信息。其次是识别基于证据的潜在治疗方案。Watson 智能肿瘤诊断系统结合患者病历、临床专业意见、科研成果和数据，为患者提供潜在的治疗方案。最后是从大量文献中查找并提供支持证据。Watson 将识别的治疗方案进行排列，并将每种方案的支持证据放在一起，帮助肿瘤医生研究患者的治疗方案。

总之，Watson 可以通过分析已有的大量医学文献和临床资料，再结合病患的电子医疗记录，最终给病患提出一个适当的治疗方案。可见，人工智能辅助诊疗能够降低医生的工作强度及漏诊、误诊疾病的概率。

图 4-2　Watson 辅助诊疗的流程

目前，Watson 相关技术已经在国内落地应用，并得到了较好的发展。杭州认知运用 Watson 核心认知计算能力，整合 Watson 全产品线，并依据国内医院诊疗需求进行二次开发，完成国内唯一适合中国临床应用的本地化版人工智能应用系统及基于人工智能的辅助诊疗互动平台。同时，杭州认知开创了全国首个人工智能远程教育平台，实现了在线教学、即时互动、在线解答疑问等功能。此外，杭州认知的专业客服团队还能实时帮助医生解决使用上的问题，辅助医生临床诊疗。

（三）医学影像识别

随着人工智能技术的发展，越来越多的智能算法应用于医学图像领域，医学影像成为目前我国人工智能+医疗领域最为热门的应用场景之一。Global Market Insight 的数据报告，医学影像市场为人工智能医疗应用领域的第二大细分市场，仅次于新药研发，将以超过 40%的增速发展，在 2024 年将达到 25 亿美元的规模，占比达 25%。

一般来说，一个病人的 CT 影像包含数百张切面，即使经验丰富的医生也需要花费 15～20 分钟去阅读 CT 影像，才能得出准确的诊断。而将人工智能运用于医学影像，通过分析影像获取有意义的信息，并进行大量的影像数据对比和算法训练，可使其逐步掌握诊断能力。

在新冠肺炎疫情初期，澳门科技大学医学院科研团队联合中国科学院、清华大学、中山大学孙逸仙纪念医院等团队，开发了基于胸部 CT 和 X 射线影像学的新冠肺炎人工智能辅助诊断系统。该系统在分析了超过 50 万份临床影像学数据的基础上，利用深度学习、迁移学习、语义分割等多种人工智能前沿技术，辅助临床医生进行新冠肺炎的快速诊断和定量分析。该系统具有高精准度和高效率的优势，不仅可以辅助临床医生做诊断决策，提高诊断的准确率，而且还可以减少医生的工作量，提高诊断效率，节省患者等待的时间。

目前，人工智能在医学影像领域主要用于肿瘤影像识别。例如，超声、核磁共振等医学影像是乳腺癌筛查和诊断的主要手段，在乳腺癌的评估中起着至关重要的作用。一种基于乳腺 X 射线钼靶的人工智能早期乳腺癌自动分类技术区分肿瘤良性与恶性的准确率高达 95.83%，基于高分辨率乳腺核磁共振成像的人工智能技术够进一步提高乳腺癌检测的准确性①。

另外，人工智能应用于肺结节、肺癌和前列腺癌等癌症的筛查与诊断，可辅助医生发现早期病变和识别疾病风险。国内医疗领域的人工智能领先团队 Airdoc 基于深度学习开发算法，并通过结节定位、结节大小判断、结节恶性指标计算快速检测肺结节，从而辅助医生在短时间内完成人群的筛查工作，帮助临床医生快速发现和诊断肺结节。

（四）智能新药研发

据 *Nature* 报道，近年来新药研发的成本快速增加，2018 年新药研发的平均成本约为 26 亿美元，大约需要 10 年，包括小分子化合物的长期开发、Ⅲ期临床试验及注册批准过程。但是，只有不到 1/10 的药物可以成功上市。由此可见，新药研发具有技术难度大、投入资金多、研发风险大和研发周期长等特征。

近年来，随着疾病复杂程度的提升，新药研发难度和成本迅速增加，全球新药研发成功率呈明显下降趋势。2019 年，艾昆纬发布的报告指出，新药从临床试验开始到研发结束的平均开发时间在过去 10 年里增加了 26%，2018 年达到 12.5 年；新药开发成功率不断下降，2018 年降至 11.4%②。

人工智能的发展为新药研发带来了重要的技术支持。通过机器学习、深度学习等方式赋能药物靶点发现、化合物筛选等环节，大大提高了新药研发的效率，为降本增效提供了可能。Tech Emergence 研究报告显示，人工智能可将新药研发的成功率从 12%提高到 14%。

伴随新药研发数据的高速累积、医药产业的数字化转型和人工智能医疗技术的加速发展，人工智能在新药研发中的应用日益增多。互联网数据资讯网的数据显示，人工智能在医疗健康产业所有应用场景中，新药研发的市场规模与增长速度均占据第一位，预计 2024 年市场规模将达到 31.17 亿美元，年均复合增长率（CAGR）为 40.7%。

① 王笛，赵靖，金明超，等. 人工智能在医疗领域的应用与思考[J]. 中国医院管理，2021，41（6）：71-74.

② 刘晓凡，孙翔宇，朱迅. 人工智能在新药研发中的应用现状与挑战[J]. 药学进展，2021，45（7）：494-501.

目前，人工智能在新药研发方面的应用主要是通过对各种医学文献进行自然语言处理来实现的。人工智能可以从海量的医学文献，包括基因组学数据、蛋白质组学数据、代谢组学数据、脂质组学数据等数据源中自动提取候选的药物靶点，筛选已知化合物用于新的治疗应用，从而缩短新药的研发、临床实验等时间并提高新药研发的成功率①。

例如，冰洲石生物科技公司利用人工智能技术提高药物筛选的准确性和效率，其自主构建的云计算平台 Orbital Drug Design，是目前基于分子对接的化合物虚拟筛选方案中潜力较大的药物开发工具，能进一步加速计算并缩短验证周期。传统方法下，一款新药研发平均耗费 10 亿美元、10 年时间，而利用 Orbital Drug Design 平台，冰洲石生物科技公司的研发团队近两年即成功获得了数个候选药物，其中部分药物即将进入临床试验阶段。

（五）医疗机器人

随着智能技术的不断进步和医疗压力的不断增大，医疗机器人应运而生。根据国际机器人联合会（IFR）分类，医疗机器人可以分为手术机器人、康复机器人、辅助机器人、医疗服务机器人四大类，具体的用途和细分产品如表 4-2 所示。

表 4-2　医疗机器人分类

类型	用途	细分产品
手术机器人	由外科医生控制，可用于手术影像导引和微创手术末端执行	外科手术机器人、放疗机器人、骨科机器人、血管介入机器人、腔镜机器人等
康复机器人	辅助人体完成肢体动作，用于损伤后康复、提升老年人或残疾人运动能力	悬挂式康复机器人、外骨骼机器人、护理机器人等
辅助机器人	在医疗过程中起到辅助作用	胶囊机器人、配药机器人、诊断机器人、远程医疗机器人等
医疗服务机器人	提供非治疗辅助服务，减少医护人员的重复性劳动	医用物流机器人、消毒杀菌机器人、移送病人机器人等

赛迪顾问数据显示，国内医疗机器人市场主要以康复机器人为主，其应用及需求最大，在医疗机器人中的占比高达 47%；其次是辅助机器人、手术机器人和医疗服务机器人（见图 4-3）。

① 辛均益，胡海翔，董静静，等. 人工智能在医疗卫生领域的应用现状及发展探究[J]. 中国信息化，2021（3）：92，93-95.

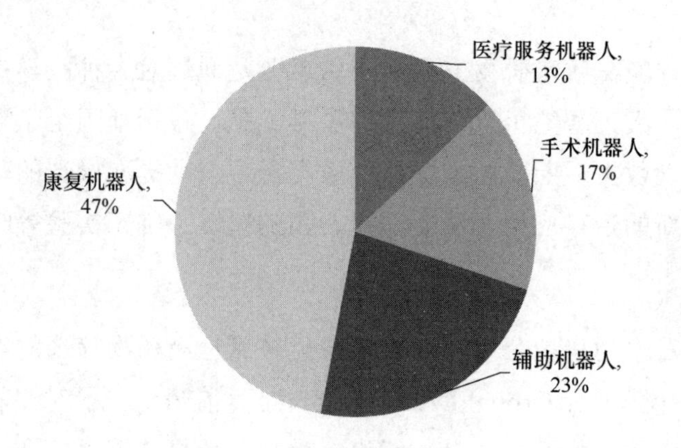

图 4-3　中国医疗机器人市场结构

由于我国肢体残疾人基数庞大及人口老龄化加剧，康复机器人的市场需求量巨大。目前，康复机器人已经广泛应用到康复护理、假肢和康复治疗等方面。康复机器人的出现极大地减少了康复师的工作量，提高了康复师的治疗效率，并能促进患者主动参与及客观评价康复训练的强度、时间和效果，使康复治疗更加系统化和规范化。

辅助机器人除部分诊断机器人外，多数产品技术壁垒相对较低，主要用于辅助诊疗，一些患者流量较大的三甲医院对此需求较大，应用于大病种的诊断机器人是辅助机器人的重点发展方向。

2014 年，我国开始引入手术机器人，主要由一些中心城市的三甲医院引进。手术机器人技术壁垒较高，研发难度大，市场空间大。在应用上具有明显临床优势（如单孔腔镜手术机器人）的企业和在核心零部件取得突破的企业具备竞争优势。

医疗服务机器人在国内发展较晚，主要技术壁垒为产品的精准定位能力及与人工智能技术的结合程度，目前布局的企业不多，已有的医疗服务机器人主要应用于医院和养老院。未来随着智能技术的进步，医疗服务机器人有望进入家庭，市场拓展空间较大。

整体来说，医疗机器人在我国医疗领域的应用仍然处于导入阶段，普及率较低。在政策支持、老龄化加剧和产业化发展提速等综合因素影响下，中国医疗机器人市场高速发展。根据中商情报网的统计，2019 年我国医疗机器人市场规模达 43.2 亿元，预计 2025 年我国医疗机器人市场规模可达 151.7 亿元，如图 4-4 所示。

随着各种医疗机器人的发展、医生培训的增加及患者接受程度的提高，机器人可辅助的医疗领域将越来越广泛。未来，可开发并商业化更多的泛血管、经自然腔道及经皮穿刺手术机器人。同时，能够根据不同医疗需求迅速定制机器人产品的机器人开发商将在市场中占据领先地位。

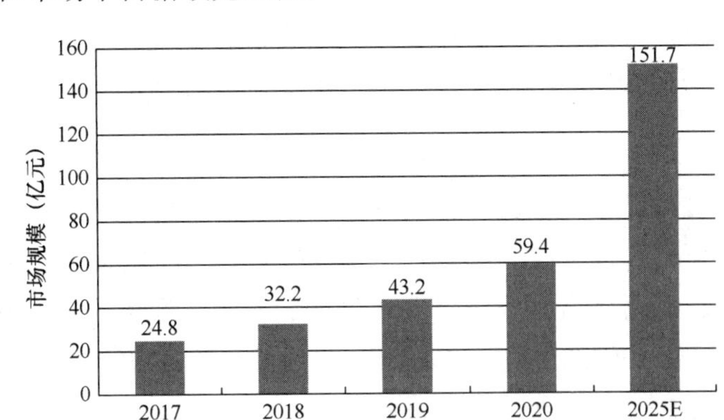

图 4-4　2017—2020 年中国医疗机器人市场规模及 2025 年市场规模预测

数据来源：中国电子学会，中商产业研究院整理。

（六）健康管理

随着《“健康中国 2030”规划纲要》《“十三五”全国健康促进与教育工作规划》等的出台，健康管理在医疗卫生事业中的地位不断提高。由于工作和生活压力的不断增加，越来越多的人处于亚健康状态且日益重视自身的健康情况。基于此，国内健康管理技术和产业得到了初步发展。

目前，健康管理主要在合理膳食健康监测、疾病风险预测、睡眠监测、慢病管理、情绪调节、老年人护理、合理膳食等方面提供医疗护理和咨询指导。

例如，妙健康 HMD 平台连接了市场上 90%的可穿戴设备，覆盖了 15 个类别（包括血压、血糖等）不同品牌商的设备，覆盖用户达 6.5 亿人，并参考了全球 2600 多条指南、专家共识，通过与加拿大健康管理中心（CWI）合作，对过去 24 年 CWI 600 多万人的数据进行了建模，完成了用户的健康画像，进而形成了健康指数。

妙健康 HMD 平台在获得用户多维度数据后，从运动、营养、心理、睡眠、健康素养五个维度给出健康处方，再通过人工智能算法从任务库中选出合适的干预方案推荐给用户，从而实现健康促进，以此形成良好的数据闭环，为用户进行全生命周期不同阶段的健康管理。

妙健康 HMD 平台的建立，解决了健康管理行业一直存在的前期难以预防、管理效率低下、后续干预困难等问题，同时为药企、保险企业提供了“药品+服务+保险”的解决方案。

又如，凯锐普慢病健康管理平台前期面向65岁以上的患有心脏病、慢性呼吸疾病、高血压、糖尿病等慢性病的老年群体，从健康数据采集、健康数据监测、用户在线诊断、用户诊后管理与健康干预入手，实现“早筛查、早知晓、早预防、早治疗”的健康管理目标。

用户通过手机可以看到自己的各项身体体征指标，当数据异常时，用户、其子女账号、平台运营人员都能收到实时预警，以便第一时间把风险降到最小。如果用户对数据有疑问或有问题需要咨询，平台的医生和专家都能够提供在线问诊服务并提供专业的用药指导、健康干预，还可以让签约的家庭医生定期上门诊治。

可见，人工智能应用于健康管理领域，一方面有利于降低疾病风险，即利用互联网与传感器等获取用户的饮食、心理、身体健康等多方面的个体化信息，对用户身体素质进行综合评估，提供更为科学的个性化健康管理方案；另一方面可以更高效地辅助康复医疗，即利用智能化穿戴设备或智能家居获取患者各方面的生理参数等健康信息，有针对性地为患者提供更加合理化的康复方案。

二、新兴育人：人工智能与教育

近年来，人工智能逐渐渗透到社会生活的各方面，特别是教育领域。人工智能在教育中的应用，不仅体现在硬件设施的建设方面，如智慧教室、智慧校园的建设，而且体现在教育教学的各方面。人工智能技术能为学生提供个性化的学习方案，帮助学生攻克知识弱点和盲点，提高学习成绩。人工智能也可以帮助教师承担一些机械性、重复性的工作，如检查作业、批改试卷、监控学生的上课情况，并且可以为教师提供学生作业、考试及课堂情况的数据化报告，有利于教师准确把握学生的学习情况和学习状态。

“十二五”以来，我国发布了多个人工智能教育相关的政策文件来推动教育信息化建设（见表4-3）。

表4-3 近年来我国推动教育信息化建设的主要政策文件

时间	名　称	主要相关内容
2010年	《国家中长期教育改革和发展规划纲要（2010—2020年）》	信息技术对教育发展具有革命性影响，必须予以高度重视，要加快教育信息化进程
2012年	《教育信息化十年发展规划（2011—2020年）》	以教育信息化带动教育现代化，到2020年，基本实现所有地区和各级各类学校宽带网络的全面覆盖

（续表）

时间	名　　称	主要相关内容
2016年	《教育信息化“十三五”规划》	到2020年，基本建成与国家教育现代化发展目标相适应的教育信息化体系；基本形成具有国际先进水平、信息技术与教育融合创新发展的中国特色教育信息化发展路子
2017年	《新一代人工智能发展规划》	开展智能校园建设，推动人工智能在教学、管理、资源建设等全流程应用。开发立体综合教学场、基于大数据智能的在线学习教育平台。开发智能教育助理，建立智能、快速、全面的教育分析系统
2018年	《教育信息化2.0行动计划》	提出“网络学习空间覆盖、智慧教育创新发展”行动
2019年	《中国教育现代化2035》	加快信息化时代教育变革。建设智能化校园，统筹建设一体化智能化教学、管理与服务平台
	《加快推进教育现代化实施方案（2018—2022年）》	大力推进教育信息化。构建基于信息技术的新型教育教学模式、教育服务供给方式及教育治理新模式
	《教育部教师工作司 2019 年工作要点》	做好人工智能助推教师队伍建设行动试点工作，探索人工智能等新技术助推教师管理优化、能力提升、精准扶贫的新路径
2021年	《教育部高等教育司关于开展虚拟教研室试点建设工作的通知》	通过3~5年的努力，建成全国高等教育虚拟教研室信息平台，建设一批理念先进、覆盖全面、功能完备的虚拟教研室，锻造一批高水平教学团队，培育一批教学研究与实践成果
	《工业和信息化部办公厅教育部办公厅关于组织开展“5G+智慧教育”应用试点项目申报工作的通知》	培育一批以5G为代表的新一代信息通信技术与教育教学创新融合的典型应用，树立一批可复制推广、可规模应用的发展标杆
2022年	《教育部基础教育司 2022 年工作要点》	实施基础教育数字化战略行动，注重需求牵引，深化融合应用，赋能提质增效。整合建设基础教育综合管理服务平台，为基础教育宏观管理和科学决策提供有力支撑

目前，我国教育信息化建设走到2.0阶段，从教育信息化技术、平台、场景的搭建走向应用的普及，致力于信息技术与教育模式的深度融合和创新；从“三通两平台”的搭建，走向实现“三全两高一大”的基本目标。

“三全两高一大”基本目标（见图4-5）将指导我国教育信息化的发展，进一步推动信息技术产品的深入应用，推动软硬件产品市场空间的进一步提升。

随着我国教育信息化政策的出台及财政经费投入的加大，教育信息化被提升到新的战略高度，市场规模也不断扩大。未来，随着人工智能、虚拟现实、增强现实等技术在教育领域的应用，以及硬件升级、覆盖于整个教学活动的软件服务和C端用户付费场景的增加等，预计2026年我国教育信息化市场供给规模将达到6911亿元，如图4-6所示。

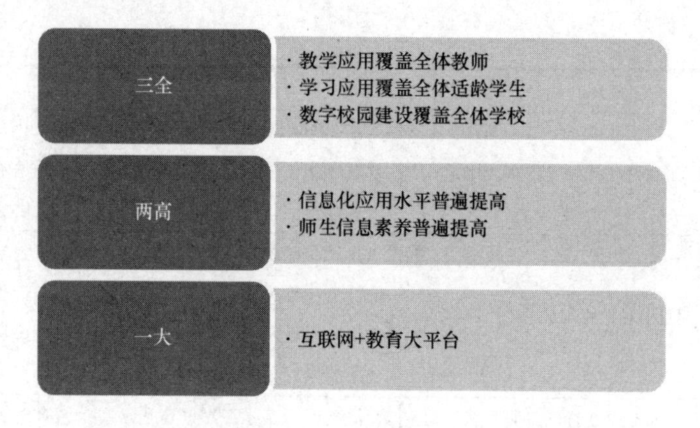

图 4-5 “三全两高一大”基本目标的主要内容

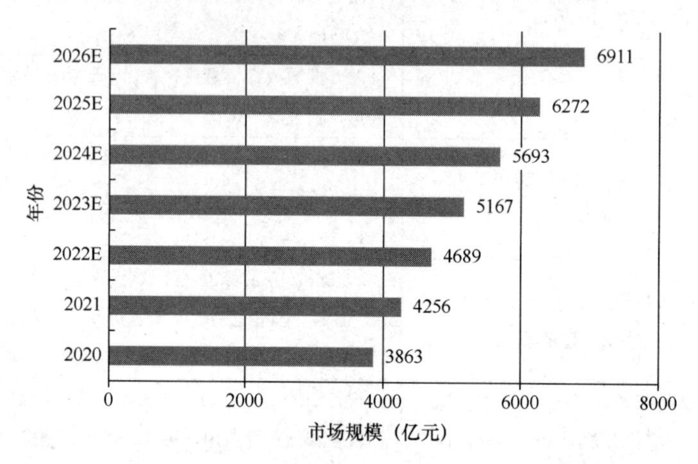

图 4-6 2020—2026 年中国教育信息化市场供给规模及预测

数据来源：中研普华产业研究院。

（一）智慧教室

为了改变传统教学理念和模式，满足现在及未来的教学需求，重构教室环境、创建适合学生学习和教师教学的智慧教室成了一种必然趋势。智慧教室可以通过运用新兴技术来实现课堂教学行为数据的采集与分析，有利于提高教学的信息化水平，是教育信息化建设中极其重要的组成部分。

在政策的大力推进下，智慧教室是近年来持续大热的项目，北京、上海和宁波等地都相继开启了对智慧教育的探索，福建、重庆、山东等地也积极跟进智慧教育的建设。

例如，北京大学携手青鹿打造的智慧教室，主要包括手机互动智慧教室和研讨互动智慧教室两大类型，具备课堂互动、研讨互动、直录播等功能。其中，手机互动智慧教室能在教师原有的授课模式基础上，为教师提供资源分享、截屏提问、屏幕广播、随机挑人、趣味抢答等多样化的教学工具。同时，学生也能在手机互动智慧教室、研讨互动智慧教室等智慧学习空间中直接使用计算机、平板电脑、手机等终端，以及微信小程序参与课堂互动，进行答题互动、发送弹幕、接收课堂教学文件等。学习设备毫无束缚，为学校教学带来更多可能。

在研讨互动智慧教室，每个小组享有独立的研讨空间，并配备中屏交互一体机，学生在小组研讨时可以便捷地展示研讨内容、研讨成果，实现组内交流。在授课过程中，研讨互动智慧教室还支持教师调取任意小组屏幕上的画面，也支持将教室大屏的画面通过屏幕广播同步到每个学生的终端上，实现教室内任意画面的即时分享，从而促进学生与学生间、小组与小组间的交流分享，让课堂教学变得更加高效，让学习变得充满活力。

（二）智能教育评测系统

人工智能在教育方面的应用还表现在智能教育评测系统中。智能教育评测系统是基于机器学习、图像识别、推荐系统等人工智能技术，对学生的学习效果进行测试和评价的信息系统。

智能教育评测系统可快速、准确地测评教学效果，在教学结束时及时提供效果反馈，从而减少教师大量的重复性批改工作，让教师有更多的时间关注学生综合发展和个性化成长。同时，其还可为教师教学过程设计、教学决策与整体教学改革提供真实可靠的实践数据支撑。

目前，智能教育评测系统已广泛地应用于语言领域，包括自动化短文评价和口语评价，可实现实时跟踪、自动批改和及时反馈等功能。

以中文作文智能评测系统及汉语写作教学综合智能训练系统为例，该系统根据学习者的不同类型分为三大块，基于打分、评级、纠错等功能，从语料库中挖掘打分细则、评级参数、常规范式，使得作文批改更客观、科学。其中，中国作文智能测评系统可对中小学、华人、双语学习者三类群体提供作文批改服务；而汉语写作教学综合智能训练系统支持最新的写作教学最佳实践，可提升学生参与写作的积极性，减少教师的工作量。

（三）个性化教育

个性化教育是新时代教育发展的必然趋势，而人工智能是实现个性化教育的关键。人工智能正在从学习个性化、教学精准化和管理科学化三个方面推动教育走向个性化。

通过智能推荐引擎可以解决学习过程个性化的问题。智能推荐引擎一方面基于对学生数据的全面掌握，可以准确刻画学生的个性特征与学习需求；另一方面基于对学习资源内容和使用状况的智能分析，能够实现资源特性的标签化，最终根据每个学生的真实需求，智能化向其推送合适的学习资源，以实现学习过程的个性化。

例如，科大讯飞的智学网个性化提分方案能够依托校内每周测练数据，为每个学生推荐举一反三的错题巩固学习手册，内容全部来源于学生自己的考试、作业数据，直击学生薄弱知识点，其将学生的错题按照知识点、难度进行分层分类，同时根据学生的不同学习情况推送变式题。学生可以依据复习时间长短选择不同的复习内容，真正做到个性化学习，减轻学生的作业负担。

通过智能学情分析可以解决教学过程精准化的问题。智能学情分析一方面汇聚了单个学生的学习态度、学习风格、知识点掌握情况等信息，使教师能够精准掌握学生个体的学习需求；另一方面统计了班级整体的学习氛围状况、薄弱知识点分布、成绩分布等学情信息，使教师能够精准掌握班级整体的学习需求，最终为教师合理规划教学资源、恰当选取教学方式提供专业指导意见，实现教学过程的精准化。

例如，北极星通过人工智能技术对学生日常学习行为数据进行有效采集与深度分析，构建个人及班级的“学情画像”，帮助教师实现教学诊断分析，进而实现“精准教学、因材施教”。

通过智能决策支持可以解决管理过程科学化的问题。智能决策支持一方面实现校园数据的打通、汇聚与交换，形成学生、班级、学校多级数据体系；另一方面实现校园数据的规整与加工，并基于业务场景创建校园数据仓库，创建分析、度量、诊断、预测等各类模型，生成可视化分析图，最终为学校管理者提供基于数据与模型的决策建议，以实现数据驱动的管理过程科学化。

以百度教育大脑为例，其凭借丰富的互联网大数据管理经验、海量的教育资源等天然优势，为校长们打造了“智慧课堂”这样一个教育管理服务平台。在此平台上，校长们可以即时直观地了解教师的教学备课情况，并根据本校教学大数据分析汇总，掌握详细的学情数据，持续完善教育管理方案。

（四）AI 助教

AI 助教通过数据挖掘、行为识别、推荐系统等技术采集学生的行为数据及学习数据，分析后反馈给教师以使其及时调整教学策略，并推荐给学生相应的课程资料和学习路线等。随着人工智能技术与教育的深入融合，人工智能正从课前、课中、课后三个环节影响课堂教学。

课前，智能备课工具可以让教师提高备课效率，帮助教师减少机械性、重复性工作，为教学“减负增效”。此外，通过人脸识别技术，教师可设置人脸签到功能，准确识别课堂上学生的人脸信息，严禁发生个别学生代替签到现象。

课中，基于人工智能技术，教师可关注到每个学生，进行反馈互动。通过人工智能摄像头记录教学全过程，教师可在后台获取教学过程录像，根据需要分析教学情况并适当对教学内容和教学节奏等做出调整。另外，学生在整个课堂学习过程中，可以随时通过学生端平台提出自己的问题，AI 助教会查找整个学习资料库，及时给学生做出回应。如果查不到合适的答案或对学生不能理解的知识，AI 助教会反馈给教师，使得教师能及时回答学生的疑问。

课后，人工智能技术可实现作业自动批改，从而大幅减轻教师作业批改和数据统计分析方面的工作量。教师可提前设置作业重复率阈值，学生提交的作业一旦超过该重复率，将自动打回要求学生重新完成。

此外，AI 助教可以分析每个学生的学习数据，挖掘每个学生的学习特点，根据其学习能力推荐相应的学习资料，在学生的阶段性学习过程中推荐学习路线，并提供一对一的精准辅导，以帮助学生更加准确、快速地提高学习成绩。

（五）智能教育评价

当前，我国教育评价体系还存在评价标准过于单一、评价方法片面等不足，而人工智能技术的应用则为全面深化教育评价体系改革、推进新时代教育评价体系现代化提供了有利条件。

人工智能有助于实现教育评价指标的多元化。借助人工智能技术，智能机器设备一方面能够根据教学情况采用多样化的评价指标来提高教育评价的精确性和全面性；另一方面能够代替人工从事教育评价环节中带有重复性的活动，减少教育评价活动的数量和频次，避免多头评价和重复评价，减轻基层和学校的负担，并且速度更快、精确度更高，从而能够最大限度地降低教育评价的成本。

人工智能有助于实现教育评价方法的科学化。利用人工智能技术，借助大数据，可以实现学生学习情况的当场反馈，实现教学过程中的即时性评价，从而提高教学精准度和效率。

例如，人工智能赋能理化实验操作评价系统通过应用智能识别技术，在学生开展理化实验操作的过程中，实时捕捉实验过程，生成过程评价数据，并综合实验数据采集，自动形成结果评价，为学校改进日常实验教学提供诊断与反馈。

整体而言，借助人工智能技术，可以对学习者的高阶认知、元认知、心理及身体健康等进行多角度的综合评价，持续性地对学习者的情况进行跟踪，实现对学习者解决实际问题能力的动态综合诊断评价、学习者心理健康的监测预警与干预，以及实现体质健康监测与提升、运动监测与健康维护；对教师进行智能课堂评价，以便教师采取相关措施，从而助力学习者和教师的成长与发展。

三、创新供给：人工智能与能源

2021年下半年，部分能源生产企业因疫情影响出现了停工停产的情况，全球能源供需失衡，从而刺激国际原油、天然气、煤炭等化石能源价格上涨至历史高位，引发欧美多国能源危机，出现限电、缺油、短气的现象，并开始向全球蔓延。而基于煤炭短缺、煤价急速上涨，中国能源供应的压力也日益增加。

在此背景下，将人工智能等新兴技术应用于能源生产的各环节，能够在一定程度上缓解全球能源危机。将人工智能技术应用于能源开发领域，能够降低能源开发的难度，缩短能源开发的时间，提高能源开发的效率；有利于提高能源生产的智能化和数字化水平，减轻能源工作人员的工作负担，及时发现和解决能源开采或使用过程中出现的异常情况，确保能源的有效供给。

为了扎实做好能源工作，我国颁布了多项能源政策（见表4-4），持续推动能源高质量发展，从而促进能源行业的智能化转型升级。

表4-4 近年来我国能源行业相关政策

时间	政策名称	主要相关内容
2012年	《中国的能源政策（2012）》	加强基础科学研究和前沿技术研究，增强能源科技创新能力。依托重点能源工程，推动重大核心技术和关键装备自主创新，加快创新型人才队伍建设
2014年	《能源发展战略行动计划（2014—2020年）》	加强能源科技创新体系建设，依托重大工程推进科技自主创新，建设能源科技强国，能源科技总体接近世界先进水平
2015年	《国务院关于积极推进“互联网+”行动的指导意见》	“互联网+”智慧能源：推进能源生产与消费模式革命，推进能源生产智能化，探索能源消费新模式；建设分布式能源网络，促进能源利用结构优化

（续表）

时间	政策名称	主要相关内容
2016 年	《2016 年能源工作指导意见》	集中攻关核电关键设备、燃气轮机、智能电网、大容量储能、燃料电池、天然气长输管线燃驱压缩机组等装备及关键材料的自主研发应用
2017 年	《能源生产和消费革命战略（2016—2030）》	鼓励可再生能源的智能化生产，推动化石能源开采、加工及利用全过程的智能化改造，加快开发先进储能系统
2018 年	《2018 年能源工作指导意见》	深入实施创新驱动发展战略，加强应用基础研究，促进科技成果转化，推动互联网、大数据、人工智能与能源深度融合，培育新增长点、形成新动能
2020 年	《2020 年能源工作指导意见》	继续做好“互联网+”智慧能源试点验收工作；加大能源技术装备短板攻关力度
2021 年	《2021 年能源工作指导意见》	能源短板技术装备攻关进程加快，关键核心技术、关键装备、关键产品的自主替代有效推进。聚焦能源新模式新业态发展需要，新设一批能源科技创新平台

在国家政策的推动下，目前人工智能在能源行业的主要应用场景包括以下几个方面。

（一）油气勘探开发平台

随着油田勘探开发难度的不断增加，隐蔽油气藏勘探目标的精准识别、剩余油分布的精细描述对综合研究提出了更高的要求，需要地震、测井、地质、油藏工程等多学科技术人员与专家基于统一的综合应用平台，在多学科数据集成共享的基础上，综合应用多种勘探开发专业软件与自主研发的工具软件，协同开展项目研究，做到应用统一规范的研究流程，提高综合研究的工作效率与质量①。

近年来，国内外各大油田公司与技术服务公司以综合研究各类数据集成为基础，积极开展勘探开发综合研究一体化应用平台建设。

例如，2018 年，中国石油发布了勘探开发梦想云平台 1.0，其成为国内油气行业首个智能云平台②。整个平台以“两统一、一通用”（两统一，指建设统一的数据湖、统一的技术平台；一通用，指为不同业务领域建设通用的应用环境）为核心（见图 4-7），建设统一数据湖和统一技术平台，搭建通用的应用环境，实现勘探开发生

① 杨耀忠，谭绍泉，孙业恒，等. 油气勘探开发综合研究数字平台建设及应用[J]. 油气藏评价与开发，2021，11（4）：628-634.

② 窦宏恩，张蕾，米兰，等. 人工智能在全球油气工业领域的应用现状与前景展望[J]. 石油钻采工艺，2021，43（4）：405-419，441.

产管理、协同研究、经营管理及决策的一体化运营，支撑勘探开发业务的数字化、自动化、可视化、智能化转型发展。

<table>
<tr><td rowspan="3">通用应用环境</td><td colspan="3">访问方式→Web应用、移动应用、终端应用　　统一门户→单点登录、搜索、用户工作环境</td><td colspan="4">标准规范</td></tr>
<tr><td colspan="3">勘探生产、开发生产、协同研究、经营管理</td><td rowspan="8">信息系统应用及运维</td><td rowspan="8">信息系统安全与保密</td><td rowspan="8">信息技术标准</td><td rowspan="8">质量安全环保标准</td></tr>
<tr><td colspan="3">大数据分析、认知计算、人工智能……</td></tr>
<tr><td rowspan="3">统一技术平台</td><td colspan="3">平台管理、流程管理服务、应用服务管理、封装注册管理、应用开发环境</td></tr>
<tr><td>勘探开发专业服务</td><td>专业软件云服务</td><td>公共技术服务</td></tr>
<tr><td>大数据分析、设备监测、生产动态指标等</td><td>勘探开发生产软件、地质建模软件等</td><td>授权认证服务等</td></tr>
<tr><td rowspan="3">统一数据湖</td><td>数据管理</td><td colspan="2">标准模型管理、数据连接服务、虚拟数据库模型、数据检索服务、数据质量控制、数据传输</td></tr>
<tr><td>数据主库</td><td colspan="2">公用基础数据、勘探开发技术数据、勘探开发模型成果、勘探开发生产管理数据、经营管理数据</td></tr>
<tr><td>数据源</td><td colspan="2">地震、钻井、测井、岩心、化验、生产、作业、测试</td></tr>
</table>

图 4-7　勘探开发梦想云平台 1.0 的核心

中国石油目前已初步建成统一数据湖（见图 4-8），基于中国石油勘探开发数据模型，应用数据湖技术，开发主数据管理、元数据管理、质量管理、数据集成摄取链路、安全管理、数据服务等主要功能，构建统一数据服务，实现上游全业务链数据的统一管理、治理与共享应用。

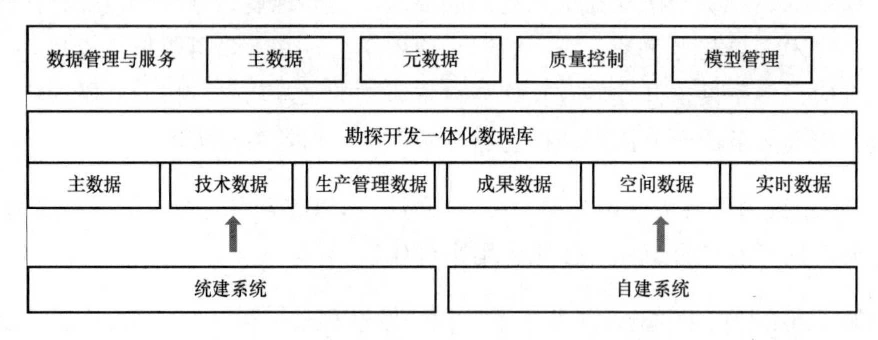

图 4-8　统一数据湖

统一数据湖将上游业务所涉及的油藏、生产、经营等六大领域，物探、钻井、经济评价等 15 个专业，数据表、实时数据等 8 种类型的数据，均纳入管理中（见图 4-9）。

基于 PaaS 云架构，勘探开发梦想云平台建立统一开放的技术平台，开发容器、微服务、软件开发流水线、企业服务目录、应用商店等主要功能，形成“模块化、迭代式”敏捷开发模式，统一支持上游业务应用的开发、集成、服务。基于云计算数据中心基础设施安全防护体系，该统一技术平台实现了容器、服务网关、代码镜像、数据及日志审计等多层安全防护。平台为业务用户提供统一应用入口，为应用开发者提供统一技术规范与开发环境，为平台管理者提供一体化运维功能，支持技术平台持续演进。

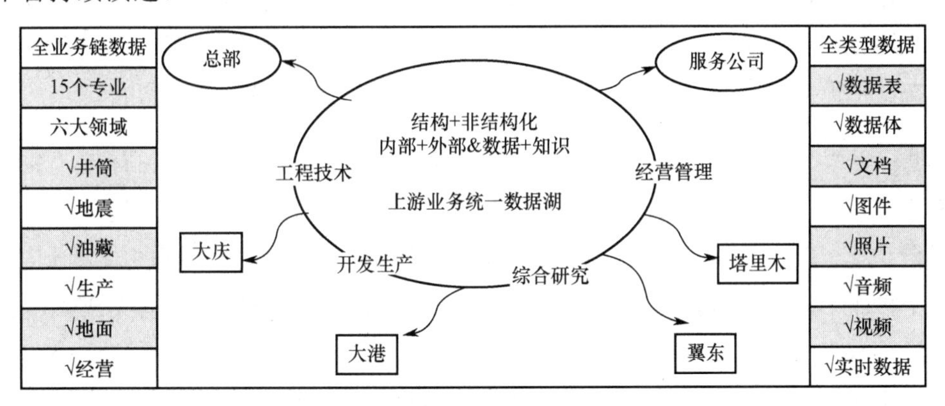

图 4-9 统一数据湖管理范围

图片来源：石油圈网。

在统一数据湖和统一技术平台的基础上，勘探开发梦想云平台构建涵盖上游业务勘探生产、开发生产、协同研究、经营管理四个领域的通用应用，为勘探开发研究人员和决策人员搭建一体化的协同工作环境，支撑跨盆地、跨油气田企业的数据共享、成果继承及专业软件云化管理和整合应用。

通用的应用环境已应用于 156 个勘探研究项目，使数据准备时间由 5 小时缩短到 1 分钟以内，通过“一键式”成图几秒就可自动生成图件，实现勘探业务研究工作由线下到线上、由单兵到协同、由手工到自动的转变，有效优化工作流程，大幅提高工作效率与决策水平。

经过为期一年的产品迭代升级，中国石油勘探开发梦想云平台 2.0 于 2019 年 11 月正式发布。在 1.0 版本的基础上，勘探开发梦想云平台 2.0 在数据湖方面新增连环湖、智能检索、大数据分析、数据洞察四大功能。其中，大数据分析功能已在塔里木油田试点应用，使得油藏工程分析效率与传统报表分析相比大幅提高，展示方式更加灵活。此外，勘探开发梦想云平台 2.0 还扩展了技术底层的多语言开发环境，构建全新的服务中台，新增业务服务中心、移动服务中心和 AI 服务中心。

勘探开发梦想云平台已经取得了以下三个方面的成就。第一，统一数据湖已管理 48 万口井、600 个油气藏、7000 个地震工区、4 万座站库，数据共计 1.7PB，横跨 60 多年的数据资产，涵盖六大领域、15 个专业，实现上游业务核心数据全面入湖共享，形成国内最大的勘探开发数据湖。第二，云平台原生通用应用环境得到全面应用，1300多个研究项目在线上运行，综合研究数据准备时间效率提高60多倍，在线协同的效率提高超过20%。第三，应用模块改造云化集成快速起步，中国石油集团公司的10多个统建系统和各油气田公司的上百个自建系统实现快速云化集成，上云应用模块超过200个，打通了30多款专业软件的支持通道。目前，已有3万多用户在勘探开发梦想云平台上开展工作，六大领域全面协同共享初见成效。

勘探开发梦想云平台助力中国石油上游业务率先迈向数字时代。首先，油气生产物联网建设的井站覆盖率分别达到61%和72%，数字化管控稳步推进，助力生产实现自动化，中小井站无人值守，大型站厂少人高效。油气生产组织由五级到三级，推动了传统石油工业生产组织模式转型。其次，人工智能在试验区初见成效，物探地震层位解释曾经手工1个月的工作量缩短至3天就可完成，效率提高了10倍，解释准确率达到80%以上。最后，智能作业示范区构建和应用老油气井复查智能工作流，较人工复查工作效率提高50倍以上，解释符合率比单纯人工解释提高了20%以上，油气层识别准确率达到90%，资源优化配置和一体化运营水平大幅提升，预示着人工智能与传统工业结合的良好发展前景。

（二）智能油气田

人工智能技术发展加速推动了油气行业转型发展，成为产业变革的新引擎。通过大数据、人工智能等新技术，实现数据自动采集、实时监控、智能生产优化与智能决策，建设智能油气田已成为必然趋势，中国石油、中国石化和中国海油等国内油气公司都在大力推动智能油气田的发展。

从20世纪90年代开始，中国石油开启了对智能化油田建设的探索。大庆油田于1999年在国内首次提出了建设数字油田的概念，并积极推动数字油田建设。2018年，大庆油田与华为在云计算、移动应用、大数据、人工智能、物联网、运维服务、人才培养等领域展开全方位、深层次合作，这为大庆油田实现信息化建设“三步走”战略提供了技术支持。

中国石油的长庆、塔里木等各油田相继加快了智能油田的建设步伐，成效显著。例如，中国石油大庆外围的庆新油田已建成生产指挥中心1座、监控终端3个，横向上以智能生产为核心，各业务部门协同办公，纵向上由数控中心直接下达生产指令到基层生产单元，数据传输率达到95%以上，数据准确率达到97.5%以上，实现了无人值守、电子智能巡检。

截至 2021 年 9 月底，中国石油累计 50 余万口井、4 万多座站库全业务链实现了数字化。其中，长庆、塔里木、青海等油气田实现全覆盖，实现了初步数字化、可视化、自动化，取得了显著的经济效益和社会效益。

2020 年，长庆油田应用物联网、大数据、云计算、人工智能等新技术，构建大科研、大运营、大监督三大支撑体系，筑牢统一数据湖、统一云技术平台两大基础，为场站无人值守、油气井智能生产、风险作业可视化监控、四维油藏模型、智能装备应用、人财物精准管理六大业务领域提供全程应用支撑，探索了一条传统大型油气田企业数字化转型、智能化发展的有效路径。

而中国石化的油气田智能化建设经历了从传统油气田到数字油气田再到智能油气田的过程。中国石化胜利油田于 2003 年编制了《数字胜利油田建设规划》，标志着其数字化建设启动。

“十一五”到“十二五”期间，中国石化建成了经营管理、生产营运、信息基础设施和运维三大信息化平台，并开展了石化云、智慧工厂的试点建设。

2012 年，中国石化开始开展智能制造探索工作，陆续启动智能工厂、智能油田、智能化研究院规划、设计和建设工作，并建成油田智云工业互联网平台，将新一代信息技术与企业业务深度融合，推动企业数字化转型升级。

为了进一步系统开展智能油气田建设，中国石化于 2018 年启动智能油气田试点建设项目，建设内容可概括为“127”，即建成 1 个智能油气田云平台，补充和完善信息标准化和信息安全 2 个支撑体系，建设 7 项智能化业务应用。其中，中国石化油田智云已管理统一账号 102733 个，运行 215 个流程，年业务办理量达 47 万个，日均办理量达 1303 个，完成 280 套业务系统的统一认证集成，发布油气勘探、油气开发、生产运行等六大类业务域共 531 个工业 App，完成 34 套存量系统的云化改造和 22 套新建系统的上云/上平台。

2019 年，中国石化又进一步启动油田企业人工智能技术试点应用项目，建设不同工作环境下的智能应用场景，加速人工智能在勘探开发中落地。

“十四五”期间，中国石化将加快智能油气田、智能工厂、智能加油服务站、智能研究院、智能工程建设推广，聚焦系统优化、协同生产、智能运营，建设集团智能运营中心，打造中国石化智慧大脑，构建中国石化“石化智云”工业互联网，实现全产业云生产、智运营，推动组织升级、流程升级、技术升级、管理升级，整体提升集团运营数字化、网络化、智能化水平。

同时，中国海油也高度重视人工智能技术的发展和应用，积极推动人工智能技术与中国海油核心业务的深度融合。2014 年，中国海油启动了智能油田建设，积极探索一条符合自身特点的海上智能油田建设之路。

自 2018 年起，中国海油东方作业公司开始进行井口平台改造，并于 2019 年建成我国首个可以远程遥控恢复生产的无人值守井口平台，突破以往生产关停后必须派人登临平台手动复产的技术难点，将原有 2 小时的复产时间缩短为 20 分钟。

2020 年，东方作业公司完成“平台自动配气、设备智能检测、智能机器巡检”三大智能化项目，实现中心平台少人化。

截至 2020 年年底，中国海油已在多个业务领域开展试点应用。在上游钻井业务中，其大力推进智能钻井实时数据监测系统集成与建设，建立钻井风险预测模型，实现分级实时监控和风险预警。曹妃甸作业公司的电潜泵智能采油系统通过预测性维护，使得电泵停产时间减少了 30%，检修成本降低了 20%；其智能分注分采系统通过对注水井、生产井的智能化管理，有效提升了高含水区块稳油控水水平；智能油气集输系统实现了全网智能调控，无人机智能巡检搭配人工巡检，形成了低本高效、安全管理新模式，管道巡检效率较传统方式提升了 6～7 倍。

2021 年 4 月，中国海油对外宣布，我国首个海上智能气田群——东方气田群全面建成，海上油气生产运营迈入智能化和数字化时代。智能气田群项目由海上井口平台无人化改造、中心平台少人化改造及陆上生产操控中心建设三部分组成，包含近百项改造项目。

在智能化气田“一张网”的控制下，海上气田生产更加安全、高效。智能化改造使海上平台在关停后恢复生产的时间缩短为原先的 1/6；智能配气系统可以整体分析诊断整个气田群上下游的流程工况，使气田群的配气速度较之前提升了近 10 倍；智能巡检机器人和实时监测设备比传统人工巡检具有更高的精细度和准确性，气田群的安全生产更有保障。

目前，中国海油在各海域已有 29 座平台，实现无人化改造，平台无人化比例达 11.3%。下一步，中国海油将向全海域推广智能气田群的建设经验，推动我国海洋油气开发和智能化装备研发制造领域高质量发展。

（三）智能电网

2009 年 5 月，国家电网在“2009 特高压输电技术国际会议”上提出了名为“坚强智能电网”的发展规划。随后，智能电网相关政策文件纷纷发布（见表 4-5），为智能电网行业的发展奠定了政策基础。

表 4-5 我国智能电网部分相关政策文件

时间	政策文件名称	主要相关内容
2010 年	《关于加快推进坚强智能电网建设的意见》	加快推进智能电网关键技术研究、标准制定、设备研制和试点建设等工作
	《智能电网关键设备（系统）研制规划》《智能电网技术标准体系规划》	构成今后智能电网标准体系的规划框架，全面指引设备研发与行业标准制定
2015 年	《国家发展改革委 国家能源局关于促进智能电网发展的指导意见》	到 2020 年，初步建成智能电网体系，满足电源开发和用户需求；带动战略性新兴产业发展，形成有国际竞争力的智能电网装备体系
2016 年	《能源技术创新“十三五”规划》	践行能源“四个革命、一个合作”的战略思想，推进能源技术革命
2020 年	《国家电网有限公司关于全面深化改革奋力攻坚突破的意见》	全面推进泛在电力物联网、坚强智能电网建设，加快世界一流示范企业创建步伐
	《关于加快建立绿色生产和消费法规政策体系的意见》	要加大对分布式能源、智能电网、储能技术、多能互补的政策支持力度
	《关于建立健全清洁能源消纳长效机制的指导意见（征求意见稿）》	持续完善电网主网架，补强电网建设短板，推进柔性直流、智能电网建设
2021 年	《中华人民共和国国民经济和社会发展第十四个五年规划和 2035 年远景目标纲要》	加快电网基础设施智能化改造和智能微电网建设，提高电力系统互补互济和智能调节能力

在国家政策的支持下，智能电网得到了较好的发展，如表 4-6 所示。《国家电网智能化规划总报告》数据显示，2009—2020 年，国家电网总投资约 3.45 万亿元，其中智能化投资 3841 亿元，占电网总投资的 11.1%。第一阶段（2009—2010 年）电网总投资为 5510 亿元，智能化投资为 341 亿元，占电网总投资的 6.2%；第二阶段电网总投资为 15000 亿元，智能化投资为 1750 亿元，占总投资的 11.7%；第三阶段电网总投资为 14000 亿元，智能化投资为 1750 亿元，占总投资的 12.5%。

表 4-6 2009—2020 年智能电网投资情况

类型	第一阶段 2009—2010 年	第二阶段 2011—2015 年	第三阶段 2016—2020 年	合计
电网总投资（亿元）	5510	15000	14000	34510
年均电网投资（亿元）	2755	3000	2800	2876
智能化投资（亿元）	341	1750	1750	3841
年均智能化投资（亿元）	171	350	350	320
智能化投资占电网总投资的比重（%）	6.2	11.7	12.5	11.1

数据来源：《国家电网智能化规划总报告》。

其中，用电环节占智能化投资的比例最高，约为31%，重点发展的关键设备包括电力用户用电信息采集专用芯片、采集终端、主站系统、智能电表等；之后依次是配电环节（占比23%）、变电环节（占比19%）（见图4-10）。

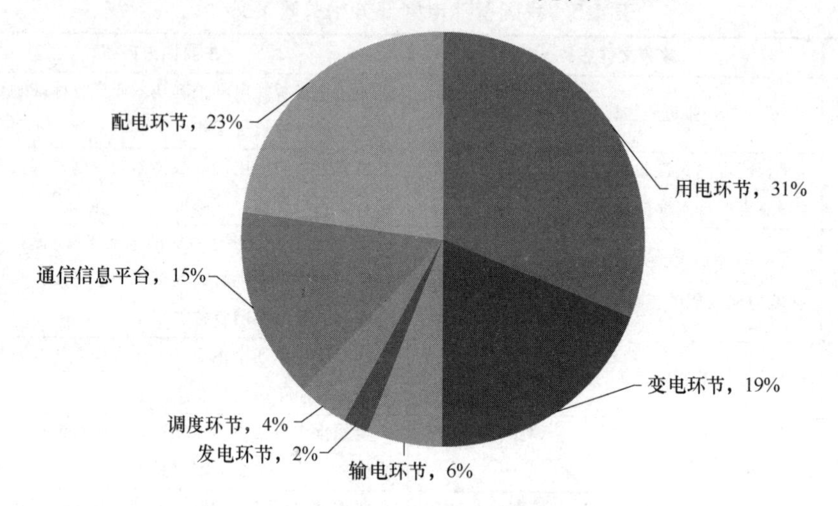

图4-10　国家电网各环节在智能化投资中的占比

数据来源：《国家电网智能化规划总报告》。

近年来，我国智能电网规模持续扩大。2020年中国智能电网行业市场规模接近800亿元（见图4-11），预计“十四五”期间智能电网投资额将达3600亿元左右。在“互联网+”的热潮下，智能电网开启能源与互联网有机结合的大门，智能电网布局也成为国家抢占未来低碳经济制高点的重要战略措施。

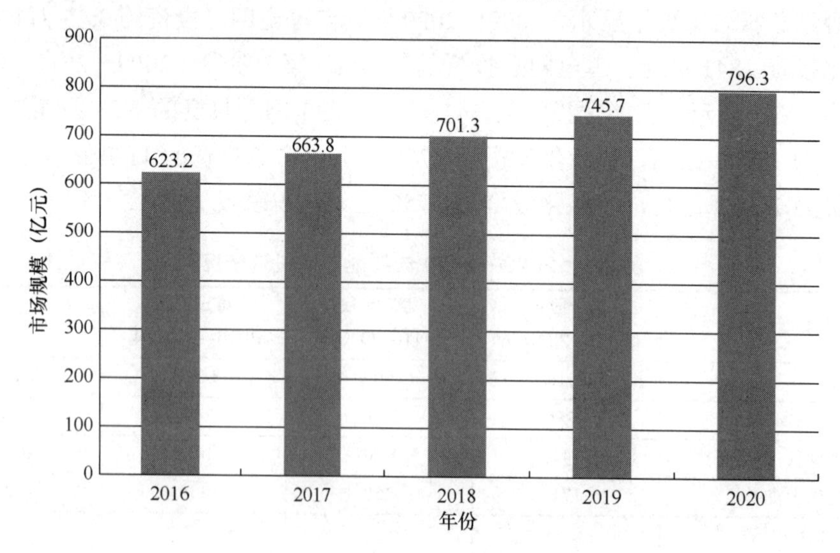

图4-11　2016—2020年中国智能电网行业市场规模

随着智能电网的深入发展，人工智能技术已与发电、输电、变电、配电、用电和电力调度等多个电力应用环节进入了高度协调工作模式[①]。

在发电环节，通过人工智能技术可以检测发电设备的工作情况，以预先检测出故障，降低设备的故障率，整体提高发电设备的生产效率，同时可实现水电发电设备的电力调度。

在输电环节，通过人工智能技术和自动巡检输电网络，可有效监控输电网络，也可以诊断整体输电网络的故障，提高输电的稳定性。

在变电环节，通过人工智能技术可以对变电故障进行预警，对变压器进行自动智能化检测诊断，实现在变电站内对变电设备的自动巡检。在变电环节应用人工智能技术，可以有效减少变电站的数量，提高变电效率，建立安全高效、占地较少的变电站。

例如，巡检机器人（见图 4-12）通过高精度定位，利用语音识别、图像识别、机器学习等技术进行巡检工作。巡检机器人可以对变电站进行巡视、标记抄录和智能分析，尤其是在雨雪冰冻、雷雨天气等情况下也能承担事故处理的前期查勘工作，从而降低人工巡检的劳动强度，通过规模化作业，大幅度提高作业效率。

图 4-12　巡检机器人作业

在配电环节，通过人工智能技术不仅可以对配电设备进行故障诊断，还可以通过智能化的配电规划和设计，利用科学的运营管理实现配电工作的高效性，并可以通过人工智能视频监控有效、及时地发现故障。因此，在配电环节应用人工智能技

① 李振伟，苏涛，张丽丽．人工智能技术在智能电网中的应用分析和展望[J]．通信电源技术，2020，37(5)：152-153.

术，不仅可以高效地进行电力网络配电工作，还可以实现高度智能化的配电，将电力准确配送到需要的地方，从而有效保障整个供电网络的安全。

在用电环节，采用人工智能用电设备可以有效地分析用电者的需求，为用电企业和居民提供个性化用电服务。另外，将人工智能技术应用到电力销售等营销领域，可为企业带来更大的经济效益。

在电力调度环节，通过人工智能技术可以为电力企业提供准确的天气资讯，为电力网络提供智能化的安全评估，还可以分析当前电力使用和供给市场的情况。

因此，在未来大规模的特高压电网中，人工智能技术必然成为我国电力企业管理电力网络过程中一个必不可少的工具。

（四）智能光伏

近年来，我国出台相关政策促进光伏领域与人工智能的深度融合，探索智能光伏在建筑、水利、农业、扶贫等领域的应用，助力我国实现“双碳”目标。我国智能光伏相关政策文件如表 4-7 所示。

表 4-7　我国智能光伏相关政策文件

时间	政策文件名称	主要相关内容
2021 年	《关于推动城乡建设绿色发展的意见》	推动区域建筑能效提升，推广合同能源管理、合同节水管理服务模式，降低建筑运行能耗、水耗，大力推动可再生能源应用，鼓励智能光伏与绿色建筑融合创新发展
	《关于开展第二批智能光伏试点示范的通知》	支持建设一批智能光伏示范项目，包括应用智能光伏产品，融合大数据、互联网和人工智能，为用户提供智能光伏服务的项目
2019 年	《工业和信息化部办公厅 住房和城乡建设部办公厅 交通运输部办公厅 农业农村部办公厅 国家能源局综合司 国务院扶贫办综合司关于开展智能光伏试点示范的通知》	支持培育一批智能光伏示范企业，包括能够提供先进、成熟的智能光伏产品、服务、系统平台或整体解决方案的企业
2018 年	《智能光伏产业发展行动计划（2018—2020 年）》	加快发展先进制造业，加快提升光伏产业智能制造水平，推动互联网、大数据、人工智能等与光伏产业深度融合，鼓励特色行业智能光伏应用，促进我国光伏产业迈向全球价值链中高端

在国家政策的指引下，我国光伏产业发展迅速，光伏发电机安装的速度已进入爆发式增长阶段。国家能源局公布 2020 年全国电源新增装机容量 19087 万千瓦，其

中水电 1323 万千瓦、风电 7167 万千瓦、光伏发电 4820 万千瓦。与全球光伏行业相比，我国光伏新增装机连续 8 年居全球首位，累计装机连续 6 年居全球首位。

随着国家政策对光伏产业支持力度的不断加大，产业市场规模仍将保持高幅度增长趋势。中国光伏行业协会预测，“十四五”期间，国内年均光伏新增装机规模一般预计是 7000 万千瓦，乐观预计是 9000 万千瓦。国内 400 余家风能企业代表联合此前发布的《风能北京宣言》提出，到 2030 年光伏装机至少达到 8 亿千瓦，到 2060 年光伏装机至少达到 30 亿千瓦。

伴随着数字信息技术的发展，各大科技企业纷纷加入智能光伏产业的研发工作。例如，华为智能光伏引领了光伏发展的三个时代：数字化+光伏、互联网+光伏、人工智能+光伏。

2014 年，华为率先扛起智能化大旗，在行业推出以组串逆变器为核心的智能光伏解决方案，该方案通过对电站实施全面的数字化改造，将逆变器变成子阵的传感器，信息采集精确到每个组串，基本实现了电站的智能感知。

2015—2018 年，华为进一步融合数字技术，包括无线专网技术、MBUS 技术、智能 IV 诊断等。

2019 年，华为率先发布了融合人工智能技术的智能光伏解决方案。2020 年，华为将加深智能光伏与全栈全场景人工智能解决方案的深度融合，通过打造端边云协同的核心架构，真正激发每个电站的价值，加速行业智能化的升级。

2020 年，华为推出了基于人工智能的智能光伏 6.0+解决方案，该方案可以将光伏度电成本降低 7%，每百兆瓦可以多收益 7600 万元。智能光伏 6.0+解决方案具体包括以下几方面（见图 4-13）。

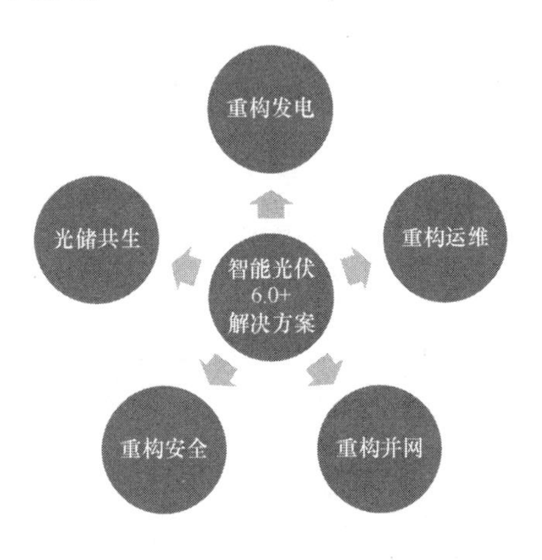

图 4-13 智能光伏 6.0+解决方案

重构发电，释放组串最大潜力。通过融入人工智能算法，实现跟踪支架+双面组件+智能逆变器的融合应用，如图 4-14 所示。基于神经网络的人工智能训练与建模，让跟踪支架调整到最优角度，发挥电站每串组件的最大潜力，以提高太阳光转化为电力的效率。与传统光伏电站相比，这样发电量可以提高 20%以上。

图 4-14　跟踪支架+双面组件+智能逆变器融合应用

重构运维，走向无人化。在光伏系统中引入无线宽带系统、无人机巡检、智能光伏云等先进的智能化手段，实现远程故障诊断，能够快速精准定位各类故障、提前排查隐患并加以处理，从而极大地提高了运维效率，同时大大降低了故障率。

例如，智能 IV 诊断 4.0 技术可以远程一键对所有组串进行扫描，10 分钟内就可自动输出对 100 兆瓦电站的诊断报告，并主动向运维人员发出维修需求、问题诊断、确切位置，这也实现了光伏电站的“零巡检”体验，同时将光伏电站的运维效率提高了 50%以上。经检测，智能光伏系统故障检测一致性、准确率大于 95%，达到行业最高水准。

智能并网算法，重构并网。从适应电网到支撑电网，智能并网控制使逆变器具备更宽的 SCR 适应能力、连续快速高低穿能力、快速调频等电网支撑能力。华为智能逆变器的人工智能自学习能主动识别电站的电气特性，自动调整并网算法来匹配电网，以实现更好的弱电网接入能力和故障超越能力。

传统光伏并网电能质量较差，有时会对附近发电系统、敏感用电设备、信号传输造成破坏和干扰。智能电网能重复考虑并网要求，使光伏从跟随电网到支撑电网，奠定了光伏电力从平价能源走向优质主力能源的基础。

智能电弧防护，重构安全。华为在行业内首次将人工智能算法融入电弧故障断路器（AFCI），通过更精准的电弧检测、更迅速的故障保护来全面保障分布式光伏的安全。AFCI具有三个独特的性能：第一，人工智能模型持续高效学习更多的电弧特征，可形成超百万量级的电弧特征库；第二，依托强劲的本地芯片算力，可主动识别并分析超过92个电弧特征对比点，做到精准检测，不误报，不漏报，带来全面升级防护；第三，可在0.5秒内快速关机切断电源，远远优于2.5秒的行业标准，从而帮助用户打造极致安全的屋顶光伏电站。

光储共生，推动绿色发展。华为将通过与国内一线厂商合作研发智能储能系统，将储能系统的度电成本降低30%以上，从而大幅度提升客户电站的整体投资收益。

目前，华为智能光伏6.0+解决方案得到了广泛的应用。例如，四川阿坝金川撒瓦脚30兆瓦扶贫电站，因自然环境恶劣、地形险峻复杂，光伏开关站与光伏场区高度差距大，设计和施工难度极大。华为智能光伏6.0+解决方案在此得到了完美应用，其采用组串式逆变器技术，使发电量超过理论值3%～5%，因地制宜的光伏项目解决了当地能源问题，为当地的脱贫贡献了重要力量。

基于智能化的并网支持技术与储能系统的华为智能光伏6.0+解决方案，大幅度降低了光伏发电成本，开创了光伏能源的智能化先河。

四、智慧之城：人工智能与城市建设

随着城市人口不断膨胀，资源短缺、环境污染、交通拥堵、安全隐患等“城市病”日益突出。为了破解“城市病”困局，智慧城市应运而生。人工智能在城市建设中的作用，体现为提高政府的治理能力与治理水平，为人们的生产生活带来便利，促进城市绿色健康发展，从而有效解决“城市病”。此外，智慧城市的建设对交通、物流、政务等领域及城市大脑的发展都具有明显的带动作用。

推进国家治理体系和治理能力现代化，必须抓好城市治理体系和治理能力现代化。近年来，党中央、国务院多次出台重要文件，明确智慧城市建设的发展方向和策略举措。我国智慧城市建设相关政策文件如表4-8所示。

表 4-8 我国智慧城市相关政策文件

时间	政策文件名称	主要相关内容
2021 年	《住房和城乡建设部 工业和信息化部关于确定智慧城市基础设施与智能网联汽车协同发展第一批试点城市的通知》	确定北京、上海、广州等 6 个城市为智慧城市基础设施与智能网联汽车协同发展第一批试点城市
2020 年	《工业互联网创新发展行动计划（2021—2023 年）》	培育一批系统集成解决方案供应商，拓展冷链物流、应急物资、智慧城市等领域规模化应用
2020 年	《全光智慧城市白皮书》	首次提出全光智慧城市的发展理念，加速全光基础设施的部署升级，推动基于智慧城市的创新应用场景
2020 年	《国务院办公厅关于支持国家级新区深化改革创新加快推动高质量发展的指导意见》	推进智慧城市建设，提升城市精细化管理水平。优化主城区与新区功能布局，推动新区有序承接主城区部分功能
2019 年	《智慧城市时空大数据平台建设技术大纲（2019 版）》	建设智慧城市时空大数据平台试点，指导开展时空大数据平台构建
2018 年	《智慧城市 信息技术运营指南》	为智慧城市信息化建设提供理论基础和技术支撑，有利于梳理智慧城市物联网系统建设的关键功能要素，提升智慧城市信息化建设水平和建设质量
2018 年	《智慧城市 顶层设计指南》	提出智慧城市顶层设计的总体原则、基本过程，以及需求分析、总体设计、架构设计、实施路径规划方面的具体建议
2017 年	《智慧城市时空大数据与云平台建设技术大纲（2017 版）》	指导各地加快推进智慧城市时空大数据与云平台试点建设、加强与其他部门智慧城市工作的衔接、全面支撑智慧城市建设
2016 年	《中共中央 国务院关于进一步加强城市规划建设管理工作的若干意见》	到 2020 年，建成一批特色鲜明的智慧城市，通过智慧城市建设和其他一系列城市规划建设管理措施，不断提高城市运行效率
2014 年	《关于促进智慧城市健康发展的指导意见》	未来智慧城市建设的主要目标包括城市管理精细化、生活环境宜居化和基础设施智能化等五个方面
2012 年	《国家智慧城市试点暂行管理办法》	列明智慧城市试点的具体管理办法

2021 年，北京、上海、深圳等智慧城市领头示范城市发布了相关政策，正式拉开了“十四五”开局之年的智慧城市新篇章。特别是深圳智慧城市建设对我国智慧城市建设具有重要的示范意义。

近年来，深圳在智慧城市建设中一直名列前茅。根据国家信息中心发布的报告，深圳从 2015 年开始成为全国唯一进入信息社会中级阶段的城市，信息社会指数连续多年位居全国第一；在“中国智慧城市发展水平评估”中，深圳连续位居全国第一；

2020 年，在第十届全球智慧城市大会上，深圳荣获“全球使能技术大奖”。深圳智慧城市发展历程如下。

2013 年，作为全国首批 90 个国家智慧城市试点中的一员，深圳开始积极推进智慧城市建设。

2018 年，作为我国首批新型智慧城市试点城市，深圳出台的《深圳市新型智慧城市建设总体方案》明确，坚持全市“一盘棋”“一体化”建设原则，强力推动新型智慧城市建设，到 2020 年，实现“六个一”发展目标，建成国家新型智慧城市标杆市。

2019 年，《中共中央 国务院关于支持深圳建设中国特色社会主义先行示范区的意见》中明确提出，综合应用大数据、云计算、人工智能等技术，提高社会治理智能化专业化水平，加快建设智慧城市，支持深圳建设粤港澳大湾区大数据中心。

进入 2021 年，各大城市相继推出新型智慧城市建设方案。深圳首次将“鹏城智能体”写进政府工作报告，明确提出要建设“鹏城自进化智能体”和数字孪生城市。这意味着深圳开启了新一轮新型智慧城市的建设。

此外，《深圳市人民政府关于加快智慧城市和数字政府建设的若干意见》确立了深圳市智慧城市的发展目标：到 2025 年，打造具有深度学习能力的鹏城智能体，成为全球新型智慧城市标杆和“数字中国”城市典范。

在政策的引导及华为、中国电科等科技公司的支持下，深圳大力推进智慧城市建设，主要体现在以下几个方面。

（1）智慧政务。随着智慧城市的建设，深圳积极推进智慧政务建设，极大地提升了政府服务效率。2018 年，深圳在全国率先推出政务服务“秒批”改革，实现“网上办、马上办、就近办、一次办”。2019 年，深圳又推出全国首创无感申报的“秒报”模式，申请人和审批人全程不用见面就可以完成审批，而且全城通办。同年，深圳推出了“i 深圳”统一政务服务 App，汇聚政务服务、公共服务和便民服务资源，已实现了政务服务事项 100%进驻网上办事平台，且全市 95％以上的个人事项和 70%以上的法人事项都进入了“i 深圳”。目前，“i 深圳”已提供政务和生活服务 8200 余项，累计下载量超过 2000 万次，累计注册用户数超过 1400 万人，为市民提供超过 17 亿次指尖服务。

2020 年，深圳推出政务服务“免证办”，首批涉及市民生活与企业日常生产用到的 90%以上的证照，意味着市民与企业只需要一部手机即可办理大部分政务服务业务，实现“一屏智享生活”。在此基础上，深圳又创新推出“秒报秒批一体化”政务服务新模式。

（2）智慧交通。自 2018 年以来，深圳交管部门联合中国电科智慧院打造城市智慧交通体系，实现“交通感知一张网”“智能计算一中心”“立体指挥一张图”，使得高快速路交通拥堵准确识别率提高 80%，宝安、光明等重点示范区主干道平均车速提升至每小时 33 千米以上，长距离通勤时长减少 25%以上，交通违法行为检测率提高 26%以上。

在深圳交警指挥中心，指挥调度员通过“全域高清视频之眼”第一时间发现道路出现事故异样，在接到事故当事人报警电话之前，对讲机里就响起了警情通报，不到 1 分钟警情派发完毕，随后交警精准到达事发地点，指挥腾挪车辆、疏导后续交通，并依托信号控制平台对市内相关衔接道路信号进行临时调整，避免车流积塞。指挥中心后台还能在实时计算不同时段车流量的基础上，实时调整红绿灯比例，增加车辆一次性通行效率，从而缓解道路拥堵。

深圳城市交通“AI 之眼”还可以对拥堵、违法变道、占用公交车道等十余种交通事件进行自动识别与告警，并第一时间自动向相关业务系统推送相关信息。其改变了“人工轮巡”的传统交通事件发现模式，依靠“机器智巡”实现了 7×24 小时智能监测与预警，极大地提高了城市交警的工作效率。

（3）智慧城市管理。根据城市管理场景需求，中国电科智慧院构建了暴露垃圾识别预警模型、道路积水识别预警模型、车辆违停识别预警模型等城市智能应用模型库，使得城市巡查不再完全依赖一线人员，支撑高效高质量地维护城市美好人居环境。

例如，在深圳福田区，城市监控摄像头下垃圾桶周边、街道、草地等出现散落垃圾，人工智能视频分析技术就能自动检测视野范围内垃圾桶是否有垃圾满溢现象，若出现垃圾满溢现象，会将结果上传并通知网格员及时处理，让街道无垃圾；道路积水识别预警功能则能通过视频摄像头实时监控城市路面积水情况，对积水区域进行定位，画出水域上报系统并通知相关人员处理，让道路无积水；车辆违停识别预警功能可以实时检测消防通道违停、黄网格线内违停等违规停驶车辆，并第一时间通知人员处理，让车辆不乱停。

总之，深圳作为智慧城市建设的引领者，十分注重智慧城市建设的时效性，因此深圳智慧城市的建设始终走在全国前列。

从整体上看，随着我国政府对智慧城市建设重视程度的不断提升，我国智慧城市的市场规模不断壮大。资料显示，智慧城市正迎来新一轮爆发期，预计到 2023 年，我国新型智慧城市涉及的相关市场规模将达到 1.3 万亿元。而人工智能在智慧城市建设中的应用，主要体现在以下几个方面。

（一）智慧交通

随着城市化的发展，城市交通拥堵问题日益突出。为了提高交通系统的运行效率，国家出台了智慧交通相关政策文件来缓解城市交通压力（见表 4-9）。

表 4-9　我国智慧交通相关政策文件

时间	政策文件名称	主要相关内容
2021 年	《中华人民共和国国民经济和社会发展第十四个五年规划和 2035 年远景目标纲要》	发展自动驾驶和车路协同的出行服务；发展智能交通等数字化应用场景
2019 年	《交通强国建设纲要》	大力发展智慧交通。到 2035 年基本建成交通强国，到 21 世纪中叶，全面建成交通强国
2017 年	《智慧交通让出行更便捷行动方案（2017—2020 年）》	建设完善城市公交智能化应用系统
2017 年	《城市道路交通文明畅通提升行动计划（2017—2020）》	要加快推进城市智能交通管理系统建设，构建精准高效的智慧交通管理体系，提升城市交通态势综合分析和管控能力
2017 年	《新一代人工智能发展规划》	在智慧交通方面，提出发展自动驾驶汽车和轨道交通系统，开发交通智能感知系统
2017 年	《推进智慧交通发展行动计划（2017—2020 年）》	加强公路养护决策、路网运行监测、应急调度指挥等核心业务系统建设和应用，有效提升路网建管养智能化
2012 年	《交通运输行业智能交通发展战略（2012—2020 年）》	到 2020 年，基本形成适应现代交通运输业发展要求的智能交通

随着智慧城市的发展，智慧交通的发展大致经历了以下三个阶段[①]。

智慧交通 1.0：技术先行，以技术供应商为主导，用户往往被动接受服务，通过改变自身出行行为来适应技术供应商提供的交通服务。

智慧交通 2.0：政府引导，从规划层面开展顶层设计，制定行业标准，规范市场秩序。在这一阶段，技术供应商的新技术在应用层面趋向成熟，表现为智慧交通对

① 赵鹏军，朱峻仪. 智慧交通的发展现状及其所面临的挑战[J]. 当代建筑，2020（12）：44-46.

复杂系统具备灵活处理的能力。

智慧交通3.0：公众参与共创，智慧公民智慧选择。这一阶段侧重智慧交通与智慧城市的交互融合，旨在培养以公众参与为中心的智慧交通文化。伴随着新基建的发展，智慧交通已融入人们的日常生活。

在政府政策的助推下，人工智能与交通领域不断融合发展，主要表现在以下两个方面。

1. 自动驾驶汽车

人工智能在自动驾驶汽车中的应用，主要是通过计算机视觉技术来实现物体识别。应用计算机视觉技术，可以通过摄像头采集图像，收集有用的交通信息，帮助自动驾驶汽车快速地识别行驶过程中遇到的物体，实现交通标志和信号灯的识别、车道线检测、行人检测等。

以车道线检测为例，自动驾驶汽车要对车道线进行检测，只能通过摄像头进行感知。现阶段，主要的车道线检测算法包括基于特征的检测算法和基于模型的检测算法。由于基于特征的检测算法对车道线边界的清晰度有一定的要求，且车道线的磨损和遮挡均会对检测结果产生较大影响，因此基于模型的检测算法更具有应用价值[①]。

基于特征的检测算法更适用于交通指示牌检测，交通指示牌轮廓清晰、色彩辨识度高且常用文字注释，有更为突出的特征。在检测到交通指示牌后，仍需对内容进行识别，获取指示牌上的道路交通信息，常用的算法为卷积神经网络算法和支持向量机分类算法。

2. 智能交通监控

智能交通监控系统以摄像头为媒介，通过图像检测和图像识别技术来分析各路段的交通状况与车流量，其主要功能是车辆捕获和车牌识别。

随着相关算法不断改进，车辆抓拍和车牌识别功能已经比较成熟，在理想测试条件下，现阶段相关产品的车辆捕获率在白天与夜晚一般都能达到99%；车牌识别的准确率也在逐年上升，白天准确率能达到99%，夜晚准确率能达到98%[②]。

智能交通监控系统可以设置在城市的重要交通枢纽处，对城市道路的交通状况

---

① 陆清煬．浅析人工智能核心技术在交通领域的应用[J]．中国新通信，2021，23（5）：86-87.

② 沈佩钧．浅析智能交通中车辆检测技术的发展及应用[J]．中国公共安全，2020（Z2）：86-88.

进行实时监控。一旦道路上发生严重的交通违规行为，智能交通监控系统能够实时抓拍违规车辆并识别其车牌，以便让交警及时发现并制止交通违规行为，如高速公路上的驾驶员由于错过出口而倒车的行为，减少交通事故的发生。同时，通过摄像头对各路段的车流量、车辆饱和度进行数据采集，交警可以及时对交通信号灯的时长做出智能化调整，以缓解城市交通拥堵。

（二）智慧政务

在国家的大力支持和推动下，我国智慧政务取得了较大进展，增速再创新高。2020年，我国智慧政务市场规模达到3326亿元，同比增长5.86%。目前，全国各地的智慧政务建设取得了较大成效。在上海市浦东新区，依托全市的政务服务“一网通办”平台，其已经实现100%政务全程网办，并率先推进“单窗通办”，将各部门单独的审批受理窗口统一整合为综合窗口；在广东省东莞市，12345热线公积金智能语音客服基本实现7×24小时在线服务，对“疑难杂症”会自动转入人工服务，还会通过短信将办事指南发至咨询者手机，使得沟通便利快捷；在福建省厦门市，“e政务”已汇聚公安、社保、医保、公积金、海关等113项高频事项，对接国家、省、市16个政务平台，通过数据共享，实现一站通办。人工智能在政务服务中的应用主要包括以下两个方面。

1. 智能政务客服

智能政务客服是人工智能技术在政务客户服务领域的应用。智能政务客服基于大型的政务知识库，通过运用语音识别、自然语言处理、语义分析、知识检索、语音合成等多项人工智能技术，实现高效的政务客户服务。

智能政务客服能够根据客户需求，做出快速且精准的回复，进而有效地解决客户遇到的问题，同时降低人工成本。当智能政务客服无法满足用户需求时，它就自动转接人工客服，并根据用户的问答记录，通过精确的语义检索能力向人工客服进行关键词推送，有利于提高政务客服的工作效率，提升客户的满意度。

为了更好地推进“放管服”改革，进一步提高行政审批效率，各地政府纷纷推出智能政务客服系统。例如，江苏省如皋推出政务服务智能客服系统——“云上如意店小二”（见图4-15）。其具有智能回答和人工客服功能，市民可通过江苏政务服务网如皋旗舰店、“如皋审批服务”公众号、微信扫码进入系统，获得“找得到、看得懂、用得上”的政务服务咨询和业务指导，操作起来十分方便。

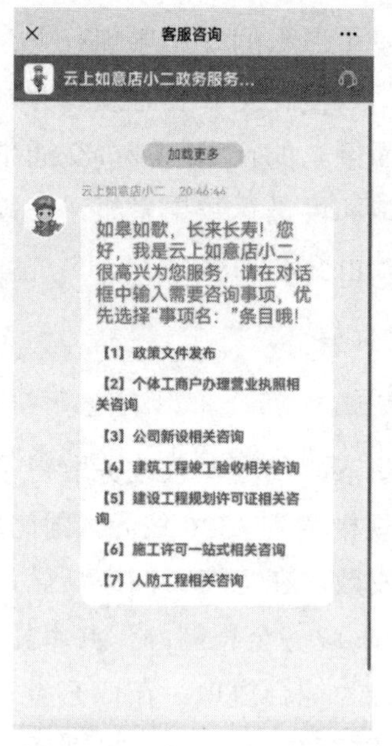

图 4-15 “云上如意店小二”政务服务智能客服系统

此外，“云上如意店小二”具备模糊联想查询功能，囊括如皋政务服务所有常见事项，涉及全市 21 个部门单位，覆盖 251 类高频事项、3806 个知识要点。企业和市民只需要索引关键词，就可以“找得到”相关回答。如果碰到“云上如意店小二”无法解决的问题，市民只需要输入“人工服务”，就可自动接转人工服务。根据推出问题的频次，“云上如意店小二”还会自动对推出的问题进行收录，转入智能客服数据库。

2. 智能机器人

目前，智能机器人已在政务服务领域实现应用，主要包括税务机器人和服务机器人。其中，税务机器人通过对语音识别、语义理解及语音合成等人工智能技术的整合，结合税务局应用场景知识库，利用信息化网络服务平台，为办税人解答有关税务登记、发票管理、纳税申报、税收优惠、纳税信用等级等涉税问题，向办税人播放文字、视频等税务宣传资料，从而承担部分咨询和办税工作；还可以在办税厅来回巡视，与办税人进行实时语音对话，通过语音识别、触摸交互、移动互联等方式，为办税人提供智能化、人性化的咨询、引导、预约、宣传、迎宾等服务。

例如，珠海香洲区首家人智一体赋能型办税大厅在智能税务体验区设置了四台智能机器人“税小能”，实现了智能导航、机器人引导、虚拟互动、语音智能查询等功能，涵盖智能导税、表单管理与填单、取号等业务服务，其中，支持智能导税的业务已有 115 个，可以进行取号的业务有 27 个，可直接在终端办理的业务有 40 个，可通过终端在电子税局办理的业务有 22 个，从而实现了业务精准分流，分担了人工导税台的工作压力，提升了办理速度，办税人平均 10 分钟即可自助完成办税业务。

另外，智能导税分流区设置了“税小易”，它是服务大厅内的“专职”智能导税机器人，能够识人认路，引导纳税人寻找办理业务区域，并借助“互联网+大数据”实现税务知识数据库的存储，通过“人机对话”实现智能导税、快速分流、获取用户办税习惯，以不断改进导税效率。“税小易”的服务同质化、标准统一化、办税智能化，拉近了征纳距离，缓冲了征纳矛盾，从而大大减轻了人工导税压力。

该办税大厅不仅设置了智能办税机器人，还配备了自助学习机、政策宣传机、国地税联合办税一体机等自助终端设备，充分满足了办税人自助化、便捷化、个性化的办税需求，开辟了自助办税的新渠道，真正实现了办税服务从“保姆式”向“自助式”的全面转型。

（三）智慧物流

在“互联网+”发展的背景下，我国物流行业迎来了智慧化升级改造。近年来，国家发布了多个政策文件以促进智慧物流的快速发展（见表 4-10）。

表 4-10 我国智慧物流相关政策文件

时间	政策文件名称	主要相关内容
2020 年	《关于进一步降低物流成本的实施意见》	推进新兴技术和智能化设备应用，提高物流环节的自动化、智慧化水平
2019 年 2 月	《关于推动物流高质量发展促进形成强大国内市场的意见》	实施物流智能化改造行动。加强信息化管理系统和云计算、人工智能等信息技术应用，提高物流软件智慧化水平
2018 年	《国家物流枢纽布局和建设规划》	加强现代信息技术和智能化、绿色化装备应用，打造绿色智慧型国家物流枢纽
	《商务部等 10 部门关于推广标准托盘发展单元化物流的意见》	提高物流链信息化、智能化水平。利用人工智能等先进技术，以智能物流载具为节点打造智慧供应链
2017 年	《促进新一代人工智能产业发展三年行动计（2018—2020 年）》	提升物流设备的智能化水平，实现精准、高效的物料配送和无人化智能仓储
2015 年	《国务院关于促进快递业发展的若干意见》	支持骨干企业建设工程技术中心，开展智能终端、自动分拣、机械化装卸等技术设备的研发应用
2014 年	《物流业发展中长期规划（2014—2020 年）》	加快关键技术装备的研发应用，提升物流业信息化和智能化水平，提高供应链管理和物流服务水平

随着我国电子商务行业的不断发展和国家政策的不断落实，智慧物流的发展潜力较大。智研咨询数据显示，2020 年，中国智慧物流市场规模已经达到 5962 亿元，预计到 2025 年市场规模将超过万亿元，如图 4-16 所示。

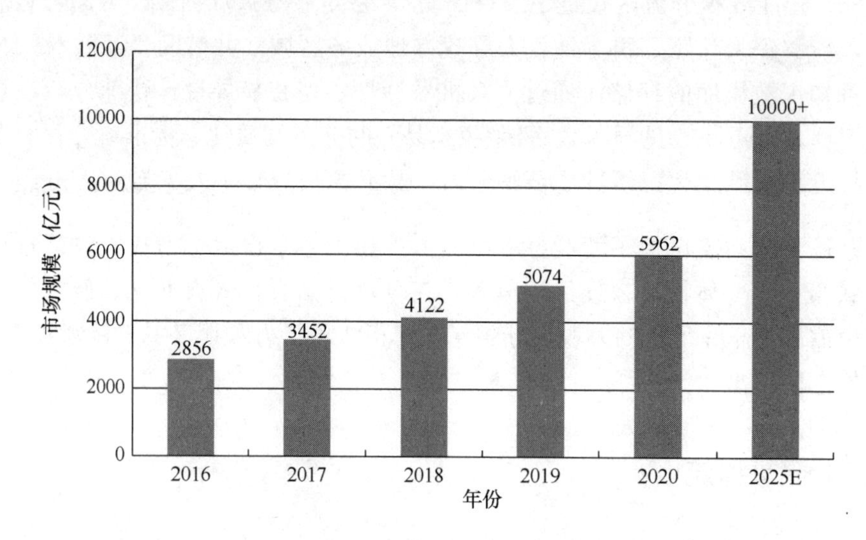

图 4-16　中国智慧物流市场规模

资料来源：中国物流与采购联合会，智研咨询整理。

人工智能技术的应用大大提高了物流各环节的自动化、智能化水平，主要体现在以下几个方面。

1. 仓储管理

仓储管理包括收货、存储、拣货、包装、分类、发货等重要环节，将仓储管理智能化，能够大大提高仓储管理的效率。当前，无人仓已然成为智慧物流建设的标配，包括京东、菜鸟、苏宁在内的物流企业都已经建设了大量的无人仓并形成了无人仓群。

例如，京东“亚洲一号”仓库是亚洲范围内自动化程度最高的现代化智能物流项目之一，其从存储、分拣、包装、输送等环节，大规模应用自动化设备、机器人、智能管理系统，真正实现全流程、全系统的智能化和无人化。

在收货存储阶段，“亚洲一号”仓库使用的是高密度存储货架，存储系统由 8 组穿梭车立库系统组成，可同时存储 6 万箱商品。货架的每个节点都有红外线，这是因为在运输货物的过程中无人操作，需要以此确定货物的位置和距离，保证货物的有序排放，如图 4-17 所示。

图 4-17　通过红外线保证货物的有序运送

在包装阶段，京东投放使用自主研发的、全球最先进的自动打包机，其可进行纸箱包装和纸袋包装。在打包过程中，机器可以扫描货物的二维码，并根据二维码的信息来进行纸板的切割和包装，如图 4-18 所示。

图 4-18　切割包装

在货物入库和打包这两个环节，京东无人仓配备了三种不同型号的六轴机械臂（见图 4-19），应用于入库装箱、拣货、混合码垛、分拣机器人供包四个场景。

图 4-19　六轴机械臂

在分拣阶段，“亚洲一号”采用大、中、小三种类型的 AGV 进行作业，中小型 AGV（小型 AGV 见图 4-20）在分拣轨道中运行，运输货物；大型 AGV（见图 4-21）则在货物掉入集宝口之后，直接将集宝口运送到不同的分拨中心。

目前，以北京、上海、广州、成都、武汉、沈阳、西安和杭州为中心的八大京东物流枢纽，在推动物流成本降低 50%以上、流通效率提高 70%的基础上，促进长三角、珠三角、京津冀等全国八大经济圈的供应链升级。

图 4-20　小型 AGV

图 4-21 大型 AGV

2. 物流运输

由于运输环境及运输设备的复杂性，现阶段人工智能在物流运输中的应用尚处于起步阶段。目前国内人工智能在物流运输环节的应用集中于公路干线运输，主要有两大方向：一种是以自动驾驶技术为核心的无人卡车；另一种是以人工智能算法为核心的路径规划。

一方面，在物流运输中应用自动驾驶技术具有较多的优势，自动驾驶的无人车辆有助于降低物流的运输成本，提高物流的运输效率，减少交通运输过程中的安全事故。因此人工智能赋能物流运输的最终形态必将是无人卡车替代人工驾驶卡车。

近两年，自动驾驶在卡车领域进展顺利，无人卡车在港区、园区等相对封闭的场景中已经开始进入试运行阶段。但对于目前尚处在实验阶段的无人卡车而言，城市路况的复杂程度和不确定因素给无人卡车的商业化道路带来极大的障碍，使其离实际运营的距离尚远。

另一方面，利用分布式并行化、增强学习等人工智能技术对物流运输路径进行规划，选择最短路径配送货物，可以极大地提高配送效率和降低运输成本。

例如，菜鸟进行自主研发的车辆路径优化算法将优化搜索和机器学习技术有效融合，寻求最优的车辆路径优化方案，以提高物流配送效率、降低成本。菜鸟基于大规模邻域搜索和深度强化学习的路径规划算法方案，可以在小于 0.01 秒的时间内得到最优解 98%～99%的最优性。

3．物流配送

为了提高配送的效率和降低配送的成本，人工智能逐渐应用于物流配送环节，主要包括物流配送无人车和物流配送无人机。

物流配送无人车能根据调度平台发出的命令，对目的地进行路径自主规划，寻找最短线路并规避拥堵路段。在行驶过程中，如果遇到车辆、行人等障碍物，物流配送无人车可以做到主动停车或绕路行驶以避障。

物流配送无人车也可以对交通信号进行识别，在十字路口可以判断红绿灯并做出相应决策。在即将到达目的地时，物流配送无人车会通过手机 App、手机短信等方式通知用户收货，用户在物流配送无人车上输入提货码就可以打开货仓，取走自己的包裹。

例如，京东无人配送车（见图 4-22）会根据预约的快递订单数量和路况，自动计算最优路线。京东无人配送车在出发时，会提前发信息通知收货人；到楼下后，会自动拨打收货人电话，收货人只要输入取件码即可拿到快递。对于没有来得及被取走的快递，京东无人配送车会带回快递站点，等收货人前来自取或进行二次配送。

图 4-22　京东无人配送车

京东无人配送车在配送过程中遇上阻碍物，会主动避让；转弯之前，会自动打转向灯。京东无人配送车能够有效减轻快递站点的配送压力，提高快递配送的效率，有效减少取错件、丢失包裹的情况。

物流配送无人机则能够从高空规划路线并进行配送，可以直接避免交通拥堵、道路不便的问题，实现直接点对点的投送。同时，凭借便捷灵活的空中运输策略，物流配送无人机更加省时省力省钱，保障配送安全，有利于解决偏远山区的物流配送难题。

如由于受到四川地势的限制，一些直线距离很近的地方，快递员需要花费大半天时间才能够把货物安全送达。而京东配送无人机的使用，可以保障配送安全快捷，提高配送效率，大大提升了用户的购物体验。

目前，京东配送无人机（见图 4-23）已经能够实现全自动化的配送流程，包括无人机自动装载、自动起飞、自主巡航、自动着陆、自动卸货、自动返航等覆盖配送全流程的一系列智慧化动作，无须人工参与，从而全面提高了物流配送效率。

图 4-23　京东配送无人机

（四）城市大脑

为了应对智慧城市建设面临的数据孤岛和碎片化现象及不能满足全天候治理需求等挑战，“城市大脑”应运而生。城市大脑能够汇聚城市各方面的数据，经人工智能分析和计算，产生智能决策。城市大脑可对应急事件进行仿真推演，对城市进行全局资源调度优化，解决城市交通拥堵难题，给人们的生活带来极大的便利。

随着智慧城市的发展，城市大脑的建设在全国各地推广展开。到 2021 年，全国已经有近 500 个城市开始了城市大脑的建设或规划。

例如，天津城市大脑以“物联感知城市、数联驱动服务、智联引领决策”为目标，通过场景牵引和数字赋能，重点实现“部门通”“系统通”“数据通”，打造“轻量化、集中化、共享化”的城市智能中枢，搭建数字驾驶舱，构建城市运行生命体征指标体系。

目前，天津城市大脑已接入交通新业态、津工智慧、“两津联动”、疫苗接种、重点关爱群体、冷链追溯6大应用场景，还将重点建设智慧矛调、民生直达等场景。在以上六大应用场景中，“两津联动”和疫苗接种场景是目前最具有天津特色的城市智慧治理场景。

1.“两津联动”

天津依托“津心办”和“津治通”两大平台，实现为民服务端和城市治理端的深度协同，利用“津心办”超过1000万人的服务群体充分了解百姓诉求，利用“津治通”市、区、街、社区四级网格员管理体系近4万人的网格员队伍提供服务。

天津通过不断丰富天津“健康码”和市民“随手拍”等全场景应用，不断驱动后台数据协同、系统协同、业务协同，推动政务服务“一张网”和城市治理“一张网”在指尖合一，探索特色的“管理穿针、数据引线、基层落地”的数字化城市治理方案。

2．疫苗接种

天津市疫苗接种态势感知平台利用大数据技术，建立算法模型，对全市多维、海量、动态的数据进行实时碰撞比对和分析验证，显示全市各区、各行业疫苗接种工作进展情况，感知疫苗接种需求和工作态势。

该平台还与天津“健康码”打通，天津“健康码”在“津心办”App、“津心办”支付宝小程序和微信小程序三端亮码页面下方，更新疫苗接种状态信息，随时提示疫苗接种进度。完成疫苗全程接种的市民出示亮码页面时，会出现疫苗接种“津盾”图标，这样可充分发挥正向激励引导作用，提升市民的获得感。

经过一段时间的发展，天津城市大脑已实现市场监管委、市政务服务办等14个部门的16个系统数据、业务协同。其以“一屏观津门”为展示平台搭建数字驾驶舱，通过构建城市运行生命体征指标体系，实现城市运行态势一屏统览、城市运行体征的全局监测和智能预警，从而提供准确、全面、实时、可量化的数据支撑，实现“一屏统览城市运行、一屏统管城市治理”。

下一步，天津城市大脑在“一屏观津门”的基础上，将实现“一网管津城”，目前已经实现天津城市应急指挥系统的远程联动，未来将逐步理顺城市管理职责，扩充业务范畴和领域。

五、和谐社区：人工智能与社区建设

智慧社区的发展是智慧城市建设的重要组成部分。近年来，国家相继出台一系列政策文件（见表 4-11），积极推动智慧社区建设。

表 4-11 我国智慧社区相关政策文件

时间	政策文件名称	主要相关内容
2014 年	《智慧社区建设指南（试行）》	包括智慧社区的指导思想和发展目标、社区治理与公共服务、小区管理服务、便民服务、主题社区、建设运营模式、保障体系建设等
	《关于促进智慧城市健康发展的指导意见》	依托城市统一公共服务信息平台建设社区公共服务信息系统，发展面向家政、养老、社区照料和病患陪护的信息服务体系
2016 年	《“十三五”国家信息化规划》	推进智慧社区建设，完善城乡社区公共服务综合信息平台，建设网上社区居委会，发展线上线下结合的社区服务新模式
2017 年	《中共中央 国务院关于加强和完善城乡社区治理的意见》	增强社区信息化应用能力，强化“一门式”服务模式在社区的应用，务实推进智慧社区信息系统建设
2021 年	《中华人民共和国国民经济和社会发展第十四个五年规划和 2035 年远景目标纲要》	推进智慧社区建设，建设便民惠民智慧服务圈，提供线上线下融合的社区生活服务、社区治理及公共服务、智能小区等服务
	《智慧社区建设运营指南（2021）》	智慧社区建设要点要围绕社区核心业务需求分类推进；智慧社区技术路线要与智慧城市建设相协调

随着国家顶层设计的不断完善及智慧城市建设的不断推进，智慧社区得到了较好的发展。《2019 年中国智慧社区行业前景分析与投资报告》显示，近年来智慧社区市场规模逐年攀升，2020 年约达 5000 亿元。目前，智慧社区已成为“新城建”的重要组成部分，以及打通城市“最后一公里”的关键节点。

为了在一定程度上减少“大城市病”对城市可持续发展的影响，以上海、杭州、深圳、苏州、北京等城市为代表的国内城市率先开启了智慧社区建设实践。

例如，上海在智慧城市建设中一直将智慧社区作为重要发力点，围绕社区生活服务、社区管理及公共服务和智能小区等方面，建成了一批示范社区，形成了新型、生态、可持续的社区发展治理模式。

其中，上海市普陀区真如镇街道以人为本，以场景为牵引，围绕群众关切的领域，打造党建共建项目“智慧社区”，为城市治理打通“最后一公里”。“智慧社区”有以下应用场景。

第一，针对社区独居老人开发研制“智慧六件套”，包括“烟感探测报警”“人体红外感应报警”“智慧水流量检测报警”“无感门磁”，以及“门磁检测报警”（见图 4-24）、“紧急求助按钮”（见图 4-25）。

图 4-24　门磁检测报警

如果独居老人在家用水 12 小时不足 0.01 立方米、48 小时没有进出大门记录，这些装置都会发出预警，一旦发生意外，均通过“一网统管”平台及时反馈（见图 4-26），并“召唤”人员前来探望。安装了“智慧六件套”后的老人，生活有人管、需求有人应、安康有人访。

图 4-25　紧急求助按钮

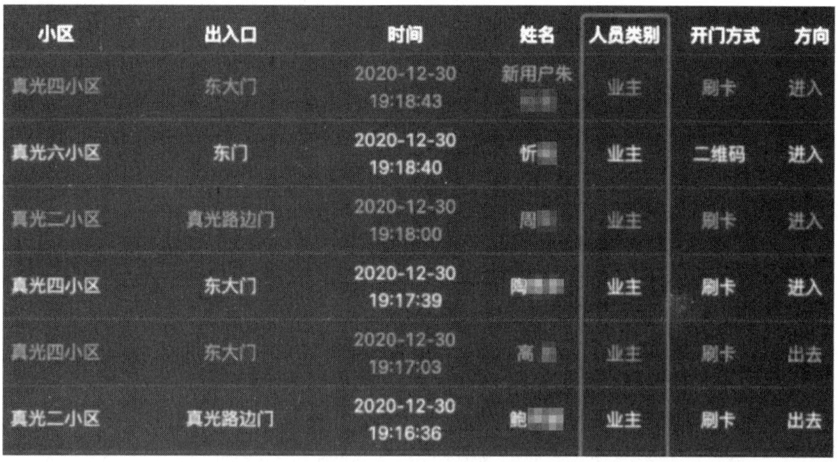

小区	出入口	时间	姓名	人员类别	开门方式	方向
真光四小区	东大门	2020-12-30 19:18:43	新用户朱	业主	刷卡	进入
真光六小区	东门	2020-12-30 19:18:40	忻	业主	二维码	进入
真光二小区	真光路边门	2020-12-30 19:18:00	周	业主	刷卡	进入
真光四小区	东大门	2020-12-30 19:17:39	陶	业主	刷卡	进入
真光四小区	东大门	2020-12-30 19:17:03	高	业主	刷卡	出去
真光二小区	真光路边门	2020-12-30 19:16:36	鲍	业主	刷卡	出去

图 4-26 “一网统管”平台记录

第二，社区大门及边门出入口均设置智慧社区服务基站，可以实现手机微信或支付宝扫码开门、刷卡开门、无感开门、随申码开门、二维码开门等六种开门方式，并对出入人员进行精准分类，所有人员进出均留下可以溯源的记录，从而提高社区整体的安全度。

第三，为鼓励居民积极参与“智慧社区”的建设，上线“文明银行”功能，通过建立个人文明信用积分档案，对志愿者们积极参与新时代文明实践活动等文明行为进行积分，积分可用于兑换牵狗绳、消费券、充电时长等。如总积分满 10 分，可享受一次电瓶车免费充电 4 小时；总积分满 40 分，可享受一次片区便民服务；总积分满 80 分，可优先参加一次新时代文明实践活动等。

第四，为解决居民在小区到处找车位的难题，驾车居民在进入社区前，可在手机小程序上查询社区内各停车位的状态，有车的停车位会被标记成红色，可停区域被标记为绿色，从而实现精准停车。

人工智能在社区建设方面的应用，主要体现在智慧养老、智慧物业管理、智能安防、智慧停车和智能家居五个方面。

（一）智慧养老

随着我国老龄化程度的不断加深，智慧养老已成养老的流行趋势。因此国家发布相关政策文件（见表 4-12）来规范和引导智慧养老产业的健康发展。

表 4-12　我国智慧养老相关政策文件

时间	政策文件名称	主要相关内容
2017 年	《智慧健康养老产业发展行动（2017—2020 年）》	要发展健康管理类可穿戴设备、便携式健康监测设备、自助式健康检测设备、智能养老监护设备、家庭服务机器人
2019 年	《关于推进养老服务发展的意见》	要促进人工智能等新一代信息技术在养老服务领域深度应用；在全国建设一批“智慧养老院”，推广远程智能安防监控技术，实现 24 小时安全自动值守
	《关于进一步扩大养老服务供给促进养老服务消费的实施意见》	要加快互联网与养老服务的深度融合，打造多层次智慧养老服务体系，创造养老服务的新业态、新模式
2020 年	《住房和城乡建设部等部门关于推动物业服务企业发展居家社区养老服务的意见》	补齐居家社区养老服务设施短板，推行“物业服务＋养老服务”居家社区养老模式，丰富居家社区养老服务内容，积极推进智慧居家社区养老服务
2021 年	《智慧健康养老产业发展行动计划（2021—2025 年）》	重点面向家庭养老床位、智慧助老餐厅、智慧养老院，打造智慧化解决方案，创新互联网+养老、老年人能力评估等智慧养老服务

伴随政策的不断出台，我国的智慧养老理念得到了较好的落实。例如，养老服务机器人可以根据老人的需求，播放歌曲和视频，与老人进行交流，为老人答疑解惑，还可以为老人提供更加专业的护理服务。此外，一些可穿戴设备可以监测老人的心率、血压、睡眠质量等身体状况，一旦老人的身体健康指标出现异常，异常数据就会传输到老人监护人那里并发出警报。同时，一些可穿戴设备还能根据老人身体健康指标的动态变化，提供合理的健康管理方案。

随着我国老龄人口的不断增加，养老压力不断加重。而人工智能的应用，有利于减轻养老工作人员的工作负担，同时提高养老服务的智能化水平。例如，上海市闵行区马桥镇养老院引进了智能化配送机器人、人形智能机器人、消毒机器人、清扫机器人及智能门禁系统等，分担医药配送、工作人员进出管理、室内消毒、晚间安全性巡查等层面的工作，从而提升了养老院的服务水准。

1. 智能化配送机器人

养老院的医务所每日会为 2～10 层的老人派送 3 次药物，每次送药要用时 1 小时。智能化配送机器人具备大容量贮藏空间，可以一次性派送较多物资。智能化配送机器人取代医务人员开展跨楼房间的医药配送，降低了医务人员的工作强度，为医务人员节省了宝贵时间，使其可以做更多改善老人养老体验的服务。

2. 人形智能机器人

“小治”是一款人形服务机器人，有着一副帅气小伙的模样，有两个圆圆的大眼睛、两只耳朵，还有两只机械手臂，胸前则是一块触摸屏（见图 4-27）。“小治”胸口的定制页面存储了很多养老院主题活动信息内容和相片，老人只需用手指划一划，就可以随时随地读取回顾。

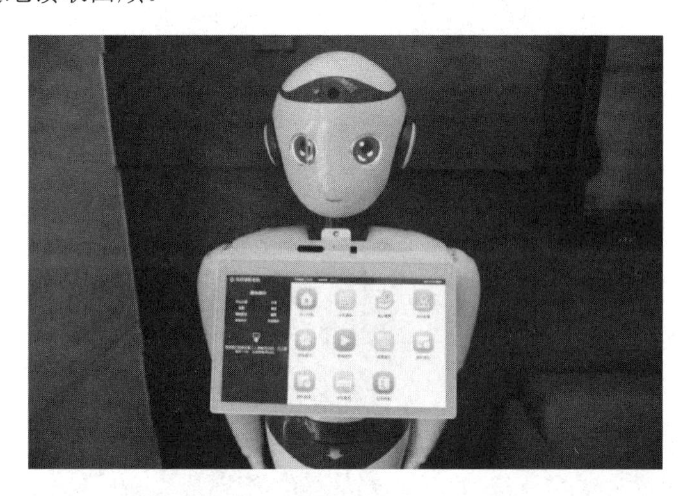

图 4-27　人形智能机器人“小治”

“小治”平时除了迎宾招待，还能跟老人做沟通、展现各种才艺、开展各种各样的活动。此外，“小治”还可以帮助老人办理入住、缴费等业务。

3. 消毒机器人

消毒机器人具有过滤空气、消毒杀菌的作用，消毒杀菌全过程中可人机共存，对人体没有任何伤害。消毒机器人（见图 4-28）还配有智能化通信设备，可远程控制打开视频聊天，实现一机多用。

图 4-28　消毒机器人

4．清扫机器人

养老院每层都必须配置一名保洁服务人员，其要不定时在楼道内巡查清扫，劳动量很大。清扫机器人（见图 4-29）具有扫尘、除尘、推尘作用，可以完成楼道内日常基础保洁服务工作，从而降低保洁服务人员的工作强度，减少人力资源耗费。

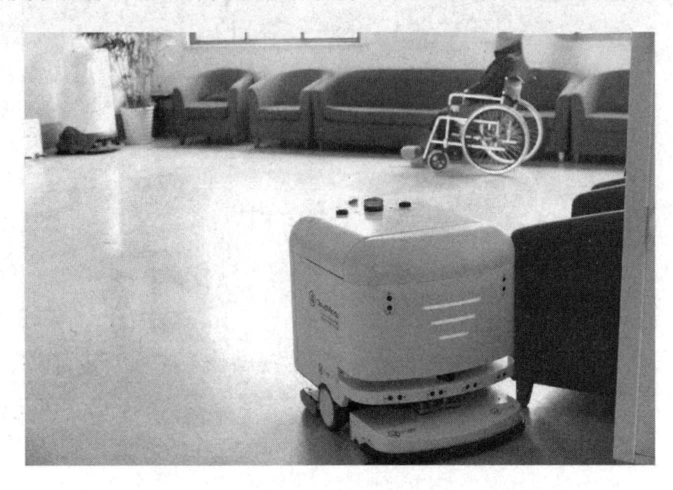

图 4-29　清扫机器人

5．智能门禁系统

养老院在大门口设置了人脸识别门禁，如果人脸识别门禁识别出老人不具备独自外出的许可，会立刻发出语音提示："外面危险，请返回房间。"保安听到提示后，就会联系护理人员将老人接回去。这在一定程度上避免了患有认知障碍等疾病的老人外出失踪的情况。

智能门禁系统（见图 4-30）不但可以解决老人私自出门的难题，还可以全自动测温，对出入养老院的工作人员开展体温监测。

（二）智慧物业管理

目前，人工智能在物业管理中的应用主要体现在以下方面：物业公司借助智慧平台，通过人脸识别及对通行异常、陌生人徘徊等基础关联数据的分析、挖掘，预测社区可能存在的群租、传销居住等情况；通过视频监控、图像识别技术对高空抛物、车身划痕、乱倒垃圾等现象取证，整治社区顽症；通过人脸大数据技术对影响社区稳定的重点特殊人群进行精准管理[①]。

① 杜坤杰，刘华诊，邵知寅，等. 人工智能技术在智慧社区建设中的应用研究[J].华东科技，2020（5）：57-63.

图 4-30　智能门禁系统

智慧社区建设与物业的合作是密不可分的，我国当前物业管理行业呈现良好态势，政府先后发布多个支持行业健康发展的政策文件，推动物业管理朝智慧物业管理方向发展。

2020 年 12 月，《住房和城乡建设部等部门关于推动物业服务企业加快发展线上线下生活服务的意见》发布，该文件从构建智慧物业管理服务平台、全域全量采集数据、推进物业管理智能化、融合线上线下服务等方面推动物业服务企业加快发展线上线下生活服务。同月，《住房和城乡建设部等部门关于加强和改进住宅物业管理工作的通知》发布，该文件指出要加强智慧物业管理服务能力建设，鼓励物业服务企业运用物联网、云计算、大数据、区块链和人工智能等技术，建设智慧物业管理服务平台，提升物业智慧管理服务水平。

2021 年 4 月，中国物业管理协会发布的《关于提升物业服务水平 推动物业管理行业高质量发展的倡议书》提出，探索“物业服务+生活服务”模式，在具备条件的情况下，通过智慧物业管理服务平台对接各类商业服务，向养老、托幼、家政、文化、健康、房屋经纪、快递收发等领域拓展，提供定制化产品和个性化服务，激发社区消费潜力，促进社区经济良性循环。

在国家政策文件的支持下，我国智慧物业管理得到了较好的发展。面对智慧物业管理发展的新机遇，碧桂园服务、万科云、保利物业、龙湖智慧服务、佳兆业美好、雅生活服务等业内头部企业积极布局，抢占智慧物业管理发展高地。

例如，碧桂园服务近年来致力于打造智慧社区，通过不断挖掘社区增值服务增长空间，推动智能化落地社区，探索社区运营新模式。碧桂园服务对智慧社区的建设经历了以下过程。

2018 年 6 月，碧桂园服务与腾讯签署战略合作协议，打造基于云端的 AI 智能平台和 AI 算法训练平台，并率先共建国内首个“AI+服务”社区。

2019 年 3 月，碧桂园服务与海康威视联合成立的行业内首家“AI 联合创新实验室”正式揭牌，并发布边缘端产品“AI 凤凰魔盒”，推动人工智能与社区场景的融合。

2019 年 5 月，碧桂园服务推出行业首个基于“AI+物联”的人工智能全栈解决方案产品体系，包含了云、边、端的所有产品，应用范围已覆盖前台、后台、决策、运营四类 20～30 个场景。这些场景包括为业主提供全场景智能化服务，如人脸识别通行、语音报修；包括 AI 替代人工远程实时监测、AI 辅助人工全自动化服务；还包括物联网平台接入、大数据驱动的运营和管理模型等，可实现将云端的数据通过边缘服务器与生活场景融合，赋予小区内门禁、车闸、摄像头、电梯等设施以“大脑”，从而构建智慧社区。

2021 年上半年，碧桂园服务的总收入同比增长约 84.3%，突破 115.6 亿元，其中物业管理服务收入约 51.7 亿元，其物业管理规模及全国性地域覆盖范围持续扩大。

目前，碧桂园服务是行业内唯一拥有完整的智能物联产品体系——包括 AI 平台、全栈解决方案、社区边缘服务器等平台的公司，成为物业服务行业智慧社区建设的引领者。

碧桂园服务的项目遍布中国境内超过 370 个城市及海外，重点覆盖珠三角、长三角、长江中游、京津冀及成渝五大经济发达城市群，管理共 3656 个项目，服务境内外约 465 万户业主及商户。其中，佛山市顺德碧桂园春天里社区是碧桂园服务最早开始智能化建设的社区，也是行业内首个大规模落地社区人工智能应用平台的社区。

2015 年，碧桂园服务就开始构建春天里智慧社区方案（见图 4-31），并在过程中作为试点项目率先落地与阿里巴巴、腾讯合作的云平台。经过 4 年的摸索与探究，2019 年，春天里智慧社区成形。如今春天里社区已实现综合门岗、单元门禁、设备房、监控中心等全场景智能化。

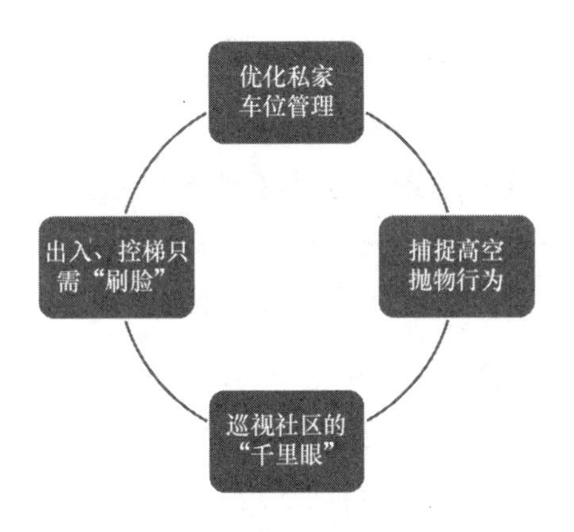

图 4-31 春天里智慧社区方案

出入、控梯只需“刷脸”。忘记带门卡，刷一下“脸”，轻松出入小区大门。每栋楼的出入也可以通过人脸识别控制，安全又快捷。疫情期间，春天里社区运用人脸识别技术开发“扫脸控梯”功能，用户刷脸即可到达指定楼层，免接触，更健康。

巡视社区的“千里眼”。通过社区配备的“鹰眼”动态抓拍设备，可以掌握社区内人员的实时动态。万一发生走失事件，通过智慧监控系统的以图找人功能，在系统中进行照片比对，就能锁定老人或小孩的具体位置。除此之外，智慧监控系统还能自动识别黑名单人员、失火、非法入侵、占用消防通道等多种特殊情况，通过截图警报通知物管人员处理，将“被动安防”变成“主动安防”。

捕捉高空抛物行为。高空抛物一直以来难以监管，但借助智慧监控系统，即使是从高空扔下一片废纸，摄像头都会捕抓瞬时画面并进行记录，从而有助于规范业主行为，认定高空抛物的责任。

优化私家车位管理。在春天里智慧社区，车位也能“智能管理”。如果乱停车，占用车位者会收到系统短信警告：“你的车辆占用了私家车位，请马上挪走，否则将收取双倍的费用。”而买了车位的业主，则可以在手机小程序上实时查看自家车位是否被占用，还可以将车位共享给朋友停车，实现车位的高效利用。

（三）智能安防

随着人工智能、云计算等高新技术的不断发展应用，智能安防机器人也逐渐被运用到日常生活中。智能安防机器人可以自动生成社区地图并行动自如，按照主人的指令到达指定位置，完成监测、拍照、录像、语音警告甚至自主报警等行动，一旦发现有异常情况，如烟雾、漏水、着火、被侵入等，即刻联动报警。

智能安防机器人主要应用于社区的大门出入口、住宅楼出入口、室外公共场所、住宅楼内公共区域、停车场等场景，可以做到全天候不间断巡逻，并识别可疑人员和可疑行为、自动预警报警，从而减轻社区内安保人员的工作负担，保障社区内应急工作高速、高效进行，在智慧社区建设方面发挥重大作用。

例如，杭州市余杭区南苑街道让智能安防机器人（见图 4-32）加入社会治安重点地区整治纵深推进行动行列。这款智能安防机器人集环境感知、动态决策、行为控制和报警装置于一体，具备自主识别、自动巡逻、实时视频传输、人脸对比、远程对讲等功能，可自主完成基础性、重复性、危险性的安保工作，推动安保服务升级。

提前踩点、在“脑中”形成一张地图后，智能安防机器人可以按照路线规划进行 24 小时不间断巡逻工作，同时借助机器人的语音功能和“肚子”上的显示屏，担任起地方的“平安宣传员”，重点开展平安巡逻、防诈骗宣传等工作。

图 4-32　智能安防机器人

（四）智慧停车

随着“停车难”问题日益突出，建设智慧停车项目是智慧社区建设的重要组成部分。而智慧停车中的“智慧”主要表现为“预约车位”“无感收费”等。智慧停车项目主要采用先进的停车诱导技术，使司机能够在软件或小程序上快速查找、预订空车位，节省司机停车时寻找车位的时间。此外，云计算技术的应用提高了车辆停放空间的有效利用率，通过共享停车模式分时段缓解了车辆无处停放的问题①。

近年来，智慧停车发展步入快车道，北京、浙江、江苏、山东、河南、四川等已开始试点和推广，大大提高了停车场的收费效率，有效缓解了交通拥堵问题。例如，天津市交通运输部门在拥堵点位尝试 ETC 支付，利用智能化技术打造天津市智慧停车样板工程——华苑路侧智能停车项目。在天津市华苑路两侧停车，没有工作人员前来计费了，车辆停入车位后，道路泊位侧方咪表识别桩会亮起红灯，待车辆驶出停车道路后，ETC 自动结算停车费用。

此项目采用了先进的高位视频人工智能技术、智慧大数据平台、智慧 App 进行智慧运营管理，实现了城市中心一类区域停车“快停快走”的功能，使车主可以安心、便捷地停车，同时提升了高效智能化管理水平。

该项目通过在每个道路泊位侧方将咪表识别桩和 ETC 设备相结合，准确识别泊位占用状态、停放时间和车辆身份，并将数据及时上传至云平台。当车辆离场时，云平台通过与 ETC 系统对接自动缴费，收费透明、便捷，实现了“科学使用、智能管理、无感支付”（见图 4-33），极大地提高了停车效率。

图 4-33　无感支付

① 卢建平，刘静.“新基建”背景下智慧社区的建设方向及效益分析[J]. 智能建筑与智慧城市，2021（5）：104-106.

该项目利用ETC电子围栏技术，通过天津停车监管App，实现了停车场数据普查、地图标点等基础信息采集工作，提高了对停车场运营数据、车位使用率、车流量等的实时监控能力，大大提升了停车场的智能化和信息化程度，全面提升了城市交通服务品质和环境秩序。

据悉，天津市还在医大总医院、天津站、市规划展览馆、古文化街等11个点位开通试点停车场，覆盖交通枢纽、医院、商业区、文化旅游景点等重点民生领域。目前这些点位均已接入ETC系统，开通ETC支付功能，各项目运行效果良好。

（五）智能家居

相较于国外的智能家居，国内的智能家居发展比较缓慢，主要分为以下4个时期。

1994—1999年，智能家居还处于萌芽期，国内还没有专业的智能家居生产商。

2000—2005年，处于开创期的智能家居已经在国内得到重视，在长三角和珠三角已经有企业开始研究智能家居。此阶段，国外智能家居产品基本没有进入国内市场。

2006—2010年，是国内智能家居的徘徊期。上一阶段智能家居企业的快速成长和恶性竞争给智能家居行业带来了负面影响。一部分国内智能家居企业在这个阶段倒闭，但仍然有一部分国内企业熬过了徘徊期。此阶段，国外的智能家居品牌暗中布局，进入中国市场。

2010年至今，智能家居迎来爆发期，人们对各种智能家居的需求和认可度逐年提高，智能家居的市场规模和销售额呈现指数级增长。

在智能家居的发展过程中，国家通过颁布智能家居相关政策文件（见表4-13），积极推动智能家居行业不断走向成熟。

表4-13　我国智能家居相关政策文件

时间	政策文件名称	主要相关内容
2013年	《物联网发展专项行动计划（2013—2015）》	重点支持智能家居等领域的应用示范和规模推广
2015年	《国务院关于积极推进“互联网+”行动的指导意见》	加快人工智能核心技术突破，促进人工智能在智能家居等领域的推广

（续表）

时间	政策文件名称	主要相关内容
2016年	《“十三五”国家战略性新兴产业发展规划》	推动人工智能规模化应用，发展个性化、定制化智能硬件和智能化系统，重点推进智能家居等研发和产业化发展
	《消费品标准和质量提升规划（2016—2020年）》	提升多品种、多品牌家电产品深度智能化水平，推动智能家居快速发展
2017年	《促进新一代人工智能产业发展三年行动计划（2018—2020年）》	支持物联网、机器学习等技术在智能家居产品中的应用，建设一批智能家居示范应用项目并推广
	《国务院关于进一步扩大和升级信息消费持续释放内需潜力的指导意见》	鼓励企业发展面向定制化应用场景的智能家居“产品+服务”模式，推广智能电视等新型数字家庭产品
2018年	《中共中央 国务院关于完善促进消费体制机制进一步激发居民消费潜力的若干意见》	支持机器学习等技术在智能家居产品中的应用，建设一批智能家居示范应用项目并推广
2020年	《国务院办公厅关于以新业态新模式引领新型消费加快发展的意见》	积极开展消费服务领域人工智能应用，加快研发可穿戴设备、智能家居等智能化产品，增强新型消费技术支撑
	《关于推进“上云用数赋智”行动 培育新经济发展实施方案》	加快网络化制造、个性化定制、服务化生产发展，推进数字乡村、数字农场、智能家居、智慧物流等应用

在政策的利好下，我国智能家居产业驶入发展快车道，市场规模保持逐年扩大态势。艾媒咨询数据显示，2016—2019年，我国智能家居市场规模由620亿元增至1530亿元，年均复合增长率高达35.1%，2020年即便是受到疫情冲击，依然实现了11.4%的同比增幅，预计2022年市场规模有望达到2200亿元。

具体而言，人工智能在智能家居领域的应用主要表现在以下三个方面。

1. 在智能家居控制平台的应用

通过智能家居控制系统，用户可以智能地控制家里的一切智能设备，如门、窗、电视机等。同时，智能家居控制系统也能为用户提供更加贴心的服务。

海尔在2006年发布了单品嵌入式UhomeOS 1.0，引领行业进入智能家居时代；2017年则发布了微内核跨终端UhomeOS 2.0；2021年3月发布了UhomeOS 3.0，标志着智能家居行业进入“大脑”时代。

UhomeOS 3.0拥有无处不在、自然交流、主动贴心、安全可靠及持续进化五大体验特点。例如，用户在室外可以通过智家 App 远程开启热水器；当用户使用空调时，空调会记录开机的时间和温度，并把数据传输给软件，软件不断地学习用户的使用习惯，当用户再次打开空调时，软件会主动将空调调节到合适的温度，如果天气显示今天温度较低，软件还会贴心地询问用户需不需要把温度调高等。

另外，UhomeOS 3.0 还拥有首个家庭垂直领域知识图谱，覆盖衣食住娱全场景，能够通过精准的用户画像提供个性化的服务；能够通过数据脱敏、学习用户习惯，实现独立思考、流畅对话等功能。

2. 在家庭安全监测中的应用

人工智能可以助力家庭安全监测，通过人工智能传感器技术和深度学习技术，对用户的安全进行监测[①]。例如，人们可以通过智能家居摄像机远程实时查看婴儿房的情况；还可以借助人工智能算法，让智能家居摄像机随时报告宝宝的动态。

此外，智能家居摄像机可以为宠物主人提供更贴心的应用场景。借助宠物识别技术和智能跟踪技术，智能家居摄像机可以自动跟踪，保持宠物始终出现在画面中；通过虚拟电子围栏及物体识别技术，把沙发、茶几、纸巾盒等区域标注出来，一旦宠物靠近该区域，及时为主人发送报警视频，并使主人通过摄像机的语音通话功能及时呵斥家中宠物，保护宠物的安全。

3. 在家用机器人中的应用

基于人工智能技术，家用机器人增加了包括对话聊天、自动识别语音指令、保洁等多种功能，主要分为工具型机器人和教育型机器人。其中，以扫地机器人为代表的工具型机器人已实现了量产和广泛应用；教育型机器人正处于高速发展期，技术和产品更迭不断加快。

从细分领域来看，扫地机器人发展较为迅速，小米、石头、海尔等国产品牌加速崛起，应用市场不断拓展。亿欧发布的数据显示，2019 年中国扫地机器人占吸尘器整体市场比例达 51.8%，远高于美国、日本、韩国等发达国家。Euromonitor 预测数据显示，2024 年我国扫地机器人零售量和零售额将分别达 724 万台和 129 亿元，复合增速（2019—2024 年）分别达 5.9%和 10.0%。

教育型机器人以家庭需求为主，该领域目前已涌现出科大讯飞、勇艺达等国内品牌企业，消费市场正加速扩展。例如，勇艺达研发了一款具有深度学习、云端大脑处理系统、智能语音交互系统、智能视觉等多项人工智能关键技术的智能教育机

---

① 杨洋，潘娇娇. AI 赋能下的智能家居摄像机[J]. 人工智能，2020（5）：76-84.

器人——乐乐勇智能教育机器人。

乐乐勇智能教育机器人（见图 4-34）拥有海量的知识储备，具备强大的语音交互功能，能轻松与孩子对话互动，激发孩子对知识的探索欲望，实现孩子从被动学习、被逼学习、不会学到主动学习、快乐学习、会学的转变，从而有效激发孩子的学习兴趣，提高孩子的专注力，锻炼孩子的想象力、逻辑思维能力，充实其知识储备，提高智力和学习成绩。

图 4-34　乐乐勇智能教育机器人

Part III

第三篇

实践篇

第五章

数据基建：智能化之牢固“根基”

在智能时代，数据正成为宝贵的战略资源和关键生产要素，是人工智能的驱动力和引爆点，数据基建也应时而生、应时而发展。作为新基建的重要方向之一，数据基建的价值和作用正日益凸显。做好顶层设计，加快关键技术研发，重视节能降耗，因地制宜合理布局，推动数据中心建设健康可持续发展，是人工智能这一新基建的重要方面。

一、动力：数据是人工智能新基建的重要驱动之一

在人类历史中，对于不同的经济形态，其生产要素有着不同的构成和作用机制。在农业时代，土地和劳动力是重要的生产要素；在工业和信息时代，资本和技术则是主要的生产要素；而在智能时代，数据正成为宝贵的战略资源和关键生产要素，数据基建也应时而生、应时而发展。

在农业时代，农产品需要运送到外地才能让土地和劳动的价值最大化，这就需要更好的交通基础设施的支撑；在工业时代，工业产品也需要铁路和海运等基础设施，才能实现产品的全球化流通；在信息时代，网络、存储、计算等基础设施的建设，推动信息产品的流动及价值化。同样地，数据要素也需要基础设施的支持。与传统生产要素不同，数据要素的基础设施是一种基于数字技术的新型信息基础设施——数据基建。

一般来看，人工智能（AI）、区块链（Blockchain）、云计算（Cloud computing）、数据科学（Data science）等前沿科技是数据基建的主要依托，可以简化为 ABCD。事实上，我国《2020 年政府工作报告》已提出重点支持“两新一重”，即新型基础设施、新型城镇化及交通、水利等重大工程建设。其中，新基建作为对冲当前经济下行压力、构筑科技创新和产业升级之基、支撑经济体系现代化的关键措施，将承担中国经济新引擎的重要角色。而数据基建作为新基建的重要方向之一，其价值和作用也日益凸显。从市场角度看，根据中国信息通信研究院的预测，2021—2025 年，全国信息基础设施的投资规模约 4.2 万亿元，其中 5G 等网络约为 1.25 万亿元①，云/数据中心等约为 2.45 万亿元，约为 5G 等网络的 2 倍。

人工智能是研究、开发用于模拟、延伸和扩展人的理论、技术及应用系统的一门新兴技术科学。人工智能分为计算智能、感知智能、认知智能三个阶段。在计算智能阶段，机器开始像人一样计算、传递信息，如神经网络、遗传算法等。在感知智能阶段，机器开始能看懂和听懂、做出判断、采取一些行动，如可以听懂语音的音箱等。在认知智能阶段，机器能够像人一样思考、主动采取行动，如完全独立驾驶的无人驾驶汽车、自主行动的机器人等。

---

① 中国工信产业网. 中国信息通信研究院副院长王志勤：聚焦四个重点环节积极构建“5G + ”新经济形态[EB/OL].（2021-03-12）[2021-04-12]. http://www.cnii.com.cn/rmydb/202003/t20200325_163824.html.

基于深度学习的人工智能技术的核心在于通过计算寻找数据中的规律，运用该规律对具体任务进行预测和决断，主要过程包括数据采集、数据处理、数据存储及数据交易等环节。当前，人工智能数据的参与主体主要有以下几类。

一是学术机构。其为了开展相关研究工作，自行采集、标注、处理、使用学术数据。这类数据以计算机视觉系统识别项目 ImageNet 为代表，主要用于算法的创新性验证、学术竞赛等，但其更新换代速度较慢，难用于实际应用场景。

二是政府相关部门。其以公益形式开放公共数据，主要包括政府、银行机构等行业数据及经济运行数据等，数据标注一般由使用数据的机构完成。

三是人工智能企业。其为了开展业务而自行建设数据，企业一般自行采集、标注形成自用数据，或者采购专业数据公司提供的数据外包服务。

四是数据处理外包服务公司。这类公司的业务包括出售现成训练数据的使用授权，或者根据用户的具体需求提供数据处理服务，具体业务服务形式包括但不限于提供数据库资源、提供数据采集服务、提供数据转写标注服务等。

从人工智能基础数据类型来看，其主要包括语音语言类（包括声音、文字、语言学规则）、图像识别类（包括自然物体、自然环境、人造物体、生物特征等）及视频识别类三个大类。

从世界各国的发展情况来看，数据服务商总部主要分布在美国、欧洲等发达国家，但其数据处理人员则大多数分布在第三世界国家。我国语音、图像类资源企业/机构正处于快速发展阶段，为产业发展增添了动力。

介绍人工智能数据后，下面简单介绍一下与人工智能数据联系较为紧密的大数据技术。2011 年 5 月，全球知名咨询公司麦肯锡第一次明确提出了大数据概念，将其定义为“无法在一定时间内用传统数据库软件工具对其内容进行采集、存储、管理和分析等的数据集合”。我国《促进大数据发展行动纲要》将大数据定义为“以容量大、类型多、存取快、应用价值高为主要特征的数据集合”。[①]简单地说，大数据技术以数据为核心资源，将产生的数据通过采集、存储、处理、分析并应用和展示后，最终实现数据的价值。

大数据具有数据规模不断扩大、产生速度快、处理能力要求高、可靠性要求严

① 国家信息中心. 信息化领域前沿热点技术通俗读本[M]. 北京：人民出版社，2020.

格、价值大但密度较低等特点，其相关技术主要包括采集与预处理、存储与管理、分析与加工、可视化计算及数据安全等。大数据为人工智能提供了丰富的数据积累和训练资源。

人工智能技术与大数据技术不是非此即彼的关系，它们既相互区别又相互协作。它们的区别体现在以下几方面。一是数据输送方向的差别。大数据需要在数据变得有用之前进行清理、结构化和组合。在大数据集中，可以存在结构化数据，如关系数据库中的事务数据，也可以存在非结构化数据，如图像、电子邮件数据、传感器数据等。而人工智能是一种计算形式，它允许机器执行认知功能，如对输入起作用或做出反应。支持人工智能的机器旨在分析和解释数据，然后根据这些解释解决其他问题。

二是使用上的差异。大数据主要用于获得洞察力，如 Netflix 网站可以根据观众观看的电影或电视节目，向观众推荐相关内容。人工智能则主要用于做决策。

无论是人工智能技术还是大数据技术，都不可否认数据的重要作用。特别是对于人工智能而言，数据的驱动力更加明显。爆炸性增长的数据推动新技术的萌发、壮大，人工智能应用的数据越多，其获得的结果就越准确。过去，没有先进的传感器，互联网也没有被广泛使用，所以很难产生实时、丰富的数据。由于处理器速度慢、数据量小，人工智能技术的应用效果受到影响。

如今，有了快速的处理器、大量的数据集等，人工智能技术因数据丰富、算力增强而升级演进。无论是特斯拉的无人驾驶，还是谷歌的机器翻译；不管是微软的“小冰”，还是英特尔的精准医疗，都有数据在其中发挥重要作用。

以计算机视觉为例，作为一个数据复杂的领域，传统的浅层算法识别准确率并不高。自深度学习出现以后，计算机视觉技术通过寻找合适特征就可以实现对物体的全部图像识别，准确率也从 70%提升到 95%。由此可见，人工智能技术的快速演进，需要大量的数据作为支撑。

此外，从数字经济的角度，我们也可以看到数据在人工智能中的重要作用。当前，数字经济正进化到以人工智能为核心驱动力的智能经济新阶段。数据领域正呈现新的数据维度、新的人工智能应用等变化，在新基建中有广泛的应用前景，能使社会更好地认识数据作为生产要素的重要性，让数据变现，产生真正的价值。

在抗击新冠肺炎疫情的过程中，数据作为新生产要素发挥了重要作用。比如，作为全球交易量最大的票务平台，12306 拥有海量的旅客出行数据。疫情发生后，12306 快速启动应急机制，利用实名制售票大数据优势，配合地方政府及各级防控机构，提供确诊病例车上密切接触者的信息。列车上如出现确诊病例或疑似病例，铁路部门工作人员会及时调取该旅客的相关信息，包括车次、车厢，以及同乘、同购、同行旅客的信息，进行信息分析提取，然后提供给相关防疫部门进行后续处理。

互联网尤其是大数据在抗击新冠肺炎疫情中的作用尤为明显：最新疫情动态信息、各路专家答疑解惑、社交媒体上的患者求助和认证、多平台防疫科普直播，以及普通人的守望相助，大数据的身影无处不在。

人工智能技术的一个重要作用是改变数据的经济性，增加数据的价值性。人工智能技术具有挖掘能力，能获取“昂贵”的数据，越来越多的数据将在未来几年变得极具价值；人工智能技术具备对数据的理解、分析、发现和决策能力，从而能从数据中获取更准确、更深层次的知识，进而催生新业态、新模式。

例如，在新零售领域，将大数据与人工智能技术结合，可以提高人脸识别的准确率，有利于商家更好地预测每月的销售情况；在交通领域，将大数据和人工智能技术结合，基于大量的交通数据开发智能交通流量预测、智能交通疏导等人工智能应用，可以实现对整体交通网络进行智能控制；在健康领域，将大数据和人工智能技术结合，能够提供医疗影像分析、辅助诊疗、医疗机器人等更便捷、更智能的医疗服务。在技术层面，大数据技术已经基本成熟，并且推动人工智能技术以惊人的速度进步；在产业层面，智能安防、自动驾驶、医疗影像等都在加速落地。

数据在人工智能领域发挥多方面的作用。比如，人工智能技术可以从历史数据中学习，更有效地在高峰时段分配工作负载；人工智能技术通过分析来自多个系统的事件和输入，可以设计适当的事件响应系统来补充当前的安全事件和事件管理系统；人工智能系统可以帮助组织主动管理其人工智能基础架构的运行状况。未来，数据会对人工智能提供更多的支持，并具有发展生产力的巨大潜力。

二、现状：人工智能数据基建建设的成效与问题

通过前面的分析可以看出，数据要素已成为人工智能发展的重要驱动之一，在经济高质量发展和社会治理现代化中发挥越来越重要的作用。因此，我国陆续发布多个政策文件（见表 5-1），加快数据中心等新型基础设施建设。

表 5-1 我国数据要素、数据中心相关的部分政策文件

时间	政策文件名称	主要相关内容
2020 年	《中共中央 国务院关于构建更加完善的要素市场化配置体制机制的意见》	首次将“数据”纳为生产要素之一，与土地、劳动力、资本、技术等传统要素并列，并强调要加快培育数据要素市场
	《建设高标准市场体系行动方案》	再次强调要加快培育发展数据要素市场
2021 年	《中华人民共和国国民经济和社会发展第十四个五年规划和2035年远景目标纲要》	加快构建全国一体化大数据中心体系，强化算力统筹智能调度，建设若干国家枢纽节点和大数据中心集群，建设 E 级和 10E 级超级计算中心
	《“十四五”大数据产业发展规划》	到 2025 年，大数据产业测算规模突破 3 万亿元，创新力强、附加值高、自主可控的现代化大数据产业体系基本形成

近年来，我国数据中心发展迅猛，在数量和规模上都呈 20%以上的年增长，数据中心应用仅次于美国，位于世界第二①。随着数据中心行业在全球的蓬勃发展和社会经济的快速增长，以及国家和地方政府部门的大力扶持，数据中心将处于高速发展时期。

中商产业研究院数据显示，截至 2020 年年底，我国在用数据中心机架总规模超过 400 万架，大型及超大型数据中心占比达 75%以上。中国信息通信研究院统计数据显示（见图 5-1），2016—2021 年我国在用数据中心机架总规模年均增速超过 30%，保持持续增长势头。

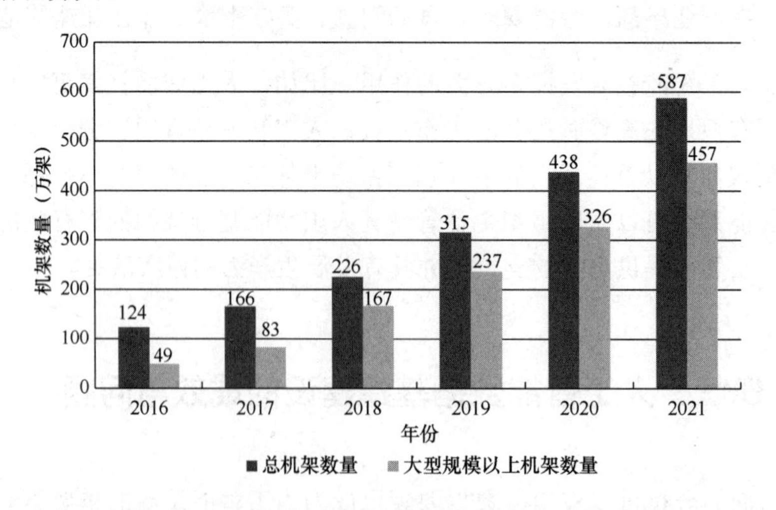

图 5-1 2016—2021 年中国在用数据中心机架总规模及大型规模以上机架数量

① 新华网. 新基建助推数据中心建设将迎爆发期[EB/OL]. [2020-05-14]（2021-03-24）.http://www.xinhuanet.com/tech/2020-05/14/c_1125982496.htm.

工业和信息化部印发的《新型数据中心发展三年行动计划（2021—2023 年）》指出，到 2023 年年底，全国数据中心机架规模年均增速保持在 20%左右，平均利用率力争提升到 60%以上，总算力超过 200 EFLOPS，高性能算力占比达到 10%；国家枢纽节点算力规模占比超过 70%。数据中心的快速发展得益于以下因素。

首先，人工智能、车联网、云计算、边缘计算、5G 等技术为数据中心带来增量式快速发展。以云计算为例，伴随着云服务行业的大规模兴起，数据流量迅速增长，拉动了对数据中心核心基础设施的需求，推动了大规模数据中心的建设。数据中心是云计算服务的核心基础设施，也是云计算规模化发展的关键，云服务是通过数据中心实现的。云服务商对数据中心的规模、建设模式和能效等方面提出了更高的要求，带动了数据中心向规模化、标准化、模块化的方向发展。

IDC 发布的《全球及中国公有云服务市场（2020 年）跟踪》报告显示，2020 年中国公有云服务整体市场规模（IaaS/PaaS/SaaS）达到 194 亿美元，同比增长 49.7%（见图 5-2）。因此，云计算的高速发展，使得数据中心的需求量和上架率都大幅度提高。

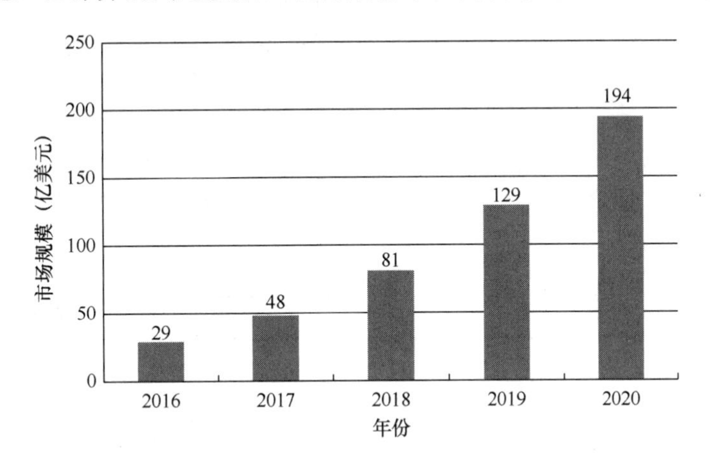

图 5-2　2016—2020 年中国公有云服务市场规模

在此基础上，国家具有鲜明信息基础设施“特色”政策的东风又助人工智能新基建一臂之力。信息基础设施的建设就包括高性能计算、存储、高速网络等与人工智能相关的要素建设。

其次，互联网数据中心、希捷科技发布的《数据时代 2025》白皮书显示，到 2025 年，全球数据总量将达到 163ZB。这意味着，2025 年数据总量将比 2016 年全球产生的数据总量增长超过 10 倍。其中，属于数据分析的数据总量相比 2016 年将增加 50 倍，达到 5.2ZB；属于认知系统的数据总量将增加 100 倍。数据量的爆发式增长将带动数据中心规模不断壮大。

再次，数据中心被纳入新基建范畴，会在更广泛的层面上吸引政府、社会资本等各方面的投入，势必形成新一轮的投资热点和建设热潮，进而成为下一轮新经济发展的引擎。在未来的国家竞争中，数据资源将是一个重要的衡量指标。另外，数据中心的建设属于重资产投资，或将对提振经济起到明显效果。

数据中心位于新旧基建的交叉口上，是数字社会的底座[①]，其市场增速是反映整个数字社会增长的“综合指数”。业内专家认为，预计未来几年都是数据中心的快速增长期，其中以大规模数据中心建设为主，同时边缘计算数据中心也将开始发力。

在政策引导下，国有资本和民间资本大量涌入数据中心投融资市场。据中国信息通信研究院测算：2020 年数据中心投资达到 3000 亿元，未来 3 年将增加 1.4 万亿元[②]。

从地域结构上看，根据中国 IDC 圈统计公布的民营级 IDC 企业名录及 ODCC（开放数据中心委员会）公布的数据中心产业链各环节重点企业等公开资料，中国数据中心产业链重点企业集中在北京、广东、上海、浙江、江苏等地区。

从不同地区数据中心租用价格来看（见表 5-2），北上广深数据中心资源供应紧张，且价格较高。中西部地区数据中心资源供应充足，主要负责时延敏感度低的冷数据的存储备份，且价格比北上广深低约 50%，在租用成本上具有较大优势。

表 5-2　不同地区数据中心租用价格

地区	资源情况	价格水平
北上广深	供应紧张	总体较高
北上广深周边地区	供应相对充足	比北上广深低 20%～30%
中西部地区	供应充足	比北上广深低约 50%
东北地区	供应相对充足	比北上广深低 50%

资料来源：前瞻产业研究院整理。

为了降低数据中心的建设成本和运营成本，厂商会充分考虑当地土地、水力、人力、电力等因素。一线城市周边地区及中西部地区丰富的电力资源、适宜的气候条件，以及相比一线城市相对便宜的土地价格，带来低廉的用地成本，促使阿里巴巴、腾讯、今日头条、百度等科技巨头对数据中心的布局渐向河北、内蒙古、贵州等地区扩散。

---

① 史炜. 大数据中心是数字经济的“底座”[N]. 人民邮电，2020-06-24（001）.

② 中国信息通信研究院，开放数据中心委员会. 数据中心白皮书（2020）[R]. 2020.

未来 3～5 年，北上广深等一线城市的政策限制和管理更加严格，数据中心建设增速放缓，但周边省市数据中心新建、扩建的投资需求将显著增多。例如，《北京市新增产业的禁止和限制目录》的出台，使北京对数据中心选址和绿色化、智能化等方面的要求越来越严格，数据中心建设有向北京周边延展的趋势。

数据中心咨询机构 DCMap 的调查显示，截至 2020 年 3 月底，北京周边地区数据中心机柜总数达 77.53 万个，包括已投运机柜 17.35 万个、在建机柜 32.55 万个及规划机柜 27.62 万个。河北的廊坊、张北、怀来三地合计约占北京周边区域数据中心市场总规模的 65%。

未来 5～10 年，一些环境适宜、电价优惠、土地资源相对丰富的地区如西北、西南等，随着带宽资源的大幅提高、数据中心网络和运维的不断完善及业务定位的逐步清晰，数据中心数量会有较大增长潜力。

例如，贵州是国家大数据综合试验区，而贵安新区则成了这一试验区的核心，目前已有包括中国三大电信运营商，以及华为、腾讯、苹果、富士康等世界级企业的数据中心在此地落户。当前，贵安新区正在打造 12 个超大型数据中心，总投资额超过 400 亿元。

又如，宁夏区位优势明显，既可服务国内客户，又可服务“一带一路”沿线国家；自然禀赋独特，气温、能源等条件优越，以及地质结构稳定，非常适合建设数据中心。2013 年 12 月，亚马逊中国与北京市政府及宁夏回族自治区政府签署合作协议，在北京和宁夏打造“前店后厂”模式的云服务，并在中卫市建造新一代数据中心。之后，更多数据中心项目在宁夏上马，包括中国电信宁夏区级数据中心、国家健康医疗大数据中心及产业园（中卫）、人民数据（中卫）大数据中心等。

在新一代信息技术的融合发展及国家政策的共同驱动下，中国数据中心市场规模保持稳步增长。从中国互联网数据中心（IDC）市场规模来看，2020 年全年规模实现 2238.7 亿元，同比增长 43.3%（见图 5-3）。可见，数据的市场是广大的，数据中心建设的前景是光明的。然而，人工智能数据基建也存在一些问题，主要表现为深度学习问题、安全问题和数据歧视问题三方面。

知识、数据、算法和算力是人工智能的四大基础。机器学习算法必须依靠大量数据进行训练，数据之于人工智能就如同血液之于人类。如果数据集过小、数据不准或被对手恶意篡改，那么机器学习效果就会大打折扣，甚至被误导出现误判。尤其在国家安全和军事领域，有害数据会造成严重后果。因此，深度学习这条路，充满希望但又非常危险，因为它解决不了信任安全的问题。

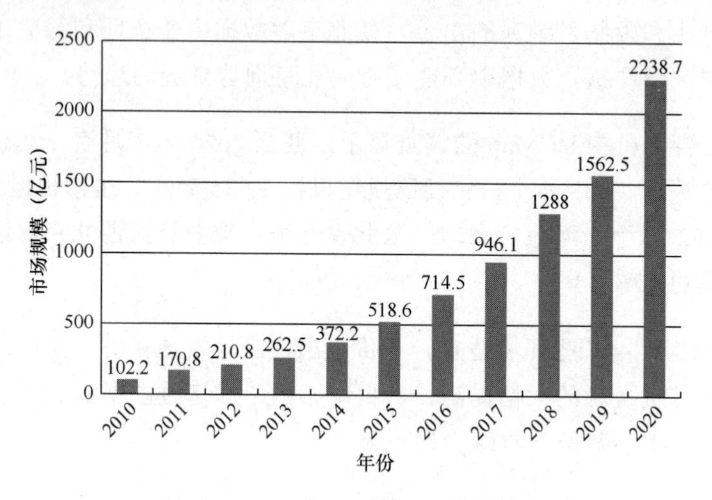

图 5-3　2010—2020 年中国互联网数据中心市场规模

以自然语言理解为例，不管做机器翻译也好，做自然语言应用也罢，其都试图通过分析符号序列来理解相关内容。机器翻译目前只能翻译非正式、借鉴性的东西，因为翻译不到位甚至翻译错了也无伤大雅，但正式的、重要的场合还需要人工同声翻译。机器的一个重要缺点在于它缺乏人类的常识和情感。只要给予人工智能机器一个句子，它就可以翻译，但它不会结合常识和情感背景。数据主义导致我们今天遇到一些困难，比如按照数据建起来的人工智能系统似乎不可信、不可靠、不安全、不易推广，这都是目前人工智能数据基建遇到的问题和挑战。

常识往往不在数据里，所以要重新引入知识，把数据驱动和知识驱动结合起来。机器没有常识，简单翻译几句话也需要的大量的尝试与积淀。“这是什么意思？小意思，只是意思意思。”这句话对于机器来说很难理解，而对于人来说，理解这句话就很简单，这就是常识的重要性。但常识库的建立非常难，现在无法从数据中建立常识库。只有建立常识库，才有可能做到真正的自然语言理解。

除了深度学习问题，我们还需关注人工智能数据基建的安全问题。数据安全是数字经济发展中最关键的安全挑战之一。一方面，人工智能的发展加剧了传统数据安全风险。在以“数字新基建”和“数据新要素”为重要特征的数字经济发展的大背景下，人工智能的新发展必然伴随着数据总量的爆发式增长，各类智能化数据采集终端快速增长，数据在多种渠道和方式下的流动更加复杂，数据应用场景更加多样，数据在社会各领域的融合渗透更加深层次，这将使传统数据安全风险持续地扩大。

另一方面，人工智能催生了各种新型的数据安全风险。人工智能通过训练数据集构造和优化算法模型，其对数据资源特有的处理方式，将会带来数据投毒、算法歧视等一系列的数据安全问题，对国家和企业现有的数据安全治理能力形成一定的冲击。

我们先介绍数据投毒。数据投毒，可以理解为通过在训练数据里加入伪装数据、恶意样本等破坏数据的完整性，进而导致训练的算法模型决策出现偏差。中国信息通信研究院安全研究所发布的《人工智能数据安全白皮书（2019 年）》指出，人工智能自身面临的数据安全风险包括：训练数据污染导致人工智能决策错误；运行阶段的数据异常导致智能系统运行错误；模型窃取攻击对算法模型的数据进行逆向还原，等等。

值得警惕的是，随着人工智能与实体经济深度融合，医疗、交通、金融等行业对数据建设需求迫切，使得在训练样本环节发动网络攻击成为最直接有效的方法，潜在危害巨大。比如，在军事领域，通过信息伪装的方式可诱导自主性武器启动或攻击，带来毁灭性风险；在自动驾驶、智能工厂等对实时性要求极高的人工智能场景中，训练过的数据可对人工智能核心模块产生定向干扰，从而控制智能驾驶汽车的刹车装置、智能工厂的温度分析装置等智能设备终端，引发灾难性后果。

模型窃取攻击也值得注意。由于算法模型在部署应用中需要将公共访问接口发布给用户使用，攻击者就可以通过公共访问接口对算法模型进行黑盒访问，并且在没有训练数据、模型参数等先验知识的情况下，构造出与目标模型相似度非常高的模型，实现对算法模型的窃取。

人工智能安全更突出的是功能安全问题。功能安全问题通常是指人工智能系统被恶意数据所欺骗，从而导致人工智能的输出与预期不符乃至产生危害性的结果。人工智能功能安全问题与传统的网络安全强调的保密性、完整性、可用性等信息安全问题存在本质不同。

目前，预防人工智能“中毒”困难的原因主要有以下三个方面。一是很多人工智能研发者和用户并没有意识到人工智能病毒的巨大风险与危害，因此重视并解决人工智能病毒问题根本无从谈起；此外，由于机器学习算法的内在工作机理晦涩难懂，人们通常并不清楚人工智能为何会出错，特别是在没有发生灾难性后果的情况下，人们甚至难以察觉人工智能出错，对人工智能陷入数据投毒茫然不知。二是由于人工智能正处于高速发展阶段，很多人工智能研发者和生产商为了抢市场、出效率，根本无暇顾及安全问题，导致部分带有先天安全缺陷的人工智能系统涌入应用市场。三是部分人工智能研发者和供应商虽然意识到了人工智能病毒问题，但由于技术能力不足，面对问题无能为力，找不出有效的解决办法。

网络安全是一个充满辩证、动态发展的领域，人工智能技术既会带来网络安全问题，也可以赋能网络安全。人工智能市场是一片蓝海，蕴藏着重大的发展机遇。人工智能技术可以成为构筑网络安全的利器，这主要体现在：采用人工神经网络技术来检测入侵行为、蠕虫病毒等安全风险源；采用专家系统进行安全规划、安全运行中心管理等；人工智能有助于网络安全环境的治理，如打击网络诈骗。

除了深度学习、数据安全等问题，人工智能数据基建也会带来数据歧视问题。目前，越来越多的高技术产业和数字服务以人工智能及机器学习为基础，人类社会存在的偏见和歧视也会被复制到人工智能系统中。“数据歧视是指人工智能算法决策中所使用的训练数据，因地域数字化发展不平衡或社会价值的倾向偏见，所承载的信息带有难以用技术手段消除的偏差，从而导致人工智能的决策结果带有歧视性。”①

目前，由于人工智能主要通过对训练样本数据的结构和概率进行特征统计来构建输入数据与输出结果的相关度，并非通过逻辑推演获取真正的因果关系，加之机器学习算法带有“黑箱”的不可解释性，因此这种因数据偏差导致的歧视很难通过技术完全解决。

例如，当政府相关部门基于大数据统计分析进行决策时，其获取的网络数据可能会更多地体现经济发达地区或重点人群的特征，对于数字化程度较低的边缘地域及老人、儿童的特征无法有效覆盖，从而对政策制定的公平性产生一定的负面影响。

同样，在金融征信、医疗教育和在线招聘领域，边远地区、弱势群体的数据量不足、数据质量不高等，可能导致自动化决策的覆盖面、科学性、准确率受到不同程度的影响，从而造成现实性的歧视。

例如，谷歌曾经因使用最先进的图像识别技术而陷入“种族歧视”的指责，因为它的搜索引擎会将黑人的照片打上“猩猩”的标签，这种“以貌取人”的形式足以说明人工智能歧视问题的严重性。

用于训练机器的“过往数据”，实际上是人类自身偏见和行为的产物。例如，少数族裔常常会因某种特定行为被打上标签，即使他们有良好的信誉和稳定的工作，只要出现这样的行为，就可能会被人工智能判定为低信用，需要为他们的借贷支付

---

① 夏玉明，石英村. 人工智能发展与数据安全挑战[J].信息安全与通信保密，2020（12）：70-78.

更高的利息，或者直接被排除在资格之外[①]。

机器能解决效率的问题，却不能避免“过往数据”本身造成的缺陷。人工智能的抉择往往披上“科学”“客观”的外衣，对人们工作生活造成的数据歧视显得更加隐蔽且“权威”。

因为我们还无法理解人工智能是如何做出决策的，所以一些涉嫌歧视的数据可能会被算法永久性地编码进人工智能程序中，从而影响未来人类与人工智能的关系。

要消除人工智能潜在的歧视问题，第一步是打开算法的“黑匣子”。出于专利保护和商业机密的考虑，许多公司的人工智能算法都处于保密状态。为了改变这一状况，人工智能领域目前正在加快代码开源，制定新的透明度标准，以提高人工智能产品的可靠性。

不过，消除人工智能的偏见和歧视，仅靠打开算法“黑匣子”、制定法规和政策还远远不够，因为偏见与歧视不光存在于算法中，还存在于人工智能得出的结论、预测和建议中。此外，还需要借助人工评估和人工干预，才能确保数据歧视被彻底消除。

在布局人工智能数据基建的过程中，要充分认识并尽量避免深度学习、数据安全和数据歧视等问题。从整体上看，数据基建将极大地推动政府公共数据开放和工业数据共享，进一步消除数据壁垒，推动形成更大规模的数据有序、便捷、高效和安全流动交易的宏大数字空间，为人工智能的全面发展注入高质量的数据动能，从而推动人工智能技术和产业健康快速发展。

三、节奏：人工智能数据基建的稳步前进方式

随着人工智能技术的快速发展，其对数据的需求也越来越大，各种类型、不同规模的数据中心如雨后春笋般地出现。2020 年，我国数据中心市场规模为 1500 亿元，年均增速继续保持在 30%左右，远高于全球 10%的年均增速[②]。其中，大型以上数据中心增长强劲。

---

① 果壳.职场偏见，政治操纵，种族歧视……人工智能作恶谁之过？[EB/OL].[2018-03-31]（2021-04-03）. https://mp.weixin.qq.com/s?src=11×tamp=1617421289&ver=2985&signature=pO5E5Qvk7HCGGFLXKe5b*COdQfd7O8QLHE*7iF2jxQPgDpzIYSgkC0iH1UFa2b4*Zw5wTIxS18oC7pcefx77TcUovRPZbX4d6GVGbihxzac-AAIENJjihyoP0bXPpYOG&new=1.

② 何宝宏. 新基建新机遇：数据中心发展探讨[J]. 信息通信技术与政策，2021，47（4）：8-12.

2010年，我国数据中心建设迎来了第一波热潮，主力军是电信、金融和互联网等行业；2020年，受新基建相关政策的鼓舞和企业数字化转型等需求的驱动，云计算厂商及新生代互联网公司也纷纷加入自建或合建数据中心的大军中，掀起了数据中心建设的第二波热潮。

（一）我国数据中心建设存在的问题

在新基建政策的推动下，我国数据中心建设有了一定的成效，但在建设过程中还存在能耗较大、结构性过剩、规模优势不明显、核心技术待突破等问题。

作为高能耗产业，数据中心数量的迅猛增长和规模的不断扩大，需要大量电力、水力及空间资源，能耗较大成为数据中心建设面临的一大问题。就像计算机运行需要散热一样，数据中心在提供数据服务时，往往依赖空调、冷水机等设备来降温，再加上服务器等核心设备运转的耗电，数据中心对电力的消耗可谓惊人，成为名副其实的“耗能大户”。此外，海量数据吞吐和运算，在增加用电量的同时，将排放大量二氧化碳、二氧化硫、氮氧化物等主要环境污染物。

数据显示，2020年，全国数据中心用电量为870亿度；2021年，全国数据中心用电量为937亿度，二氧化碳排放量约为7830万吨。据《中国“新基建”发展研究报告》，到2025年，全球数据中心将占全球能耗的最大份额，高达33%。

据中国信息通信研究院测算，2020年我国数据总存量超过450EB，预计“十四五”时期仍将保持20%～30%的增速高速增长。数据中心作为承载数据的核心基础设施，相当长的时期内仍将保持稳定增长，因此其能耗和碳排放量预计仍将处于上升期。

在碳达峰、碳中和的背景下，新基建的能耗问题越来越受重视。工业和信息化部印发的《新型数据中心发展三年行动计划（2021—2023年）》提出，到2021年年底，新建大型及以上数据中心的PUE值要降到1.35以下，到2023年底降至1.3以下。PUE值是衡量数据中心电源使用效率的通用指标，即所消耗能源与IT负载使用能源之比。其基准是2，数值越接近1，表明能效水平越高。

中国信息通信研究院产业与规划研究所高级工程师高岩表示，随着数据中心投资项目节能审查等监管机制的加强，新建大型、超大型数据中心的节能水平持续提升，但存量数据中心的PUE值普遍处在1.5～2的水平，特别是中小数据中心的PUE值普遍在2以上，远落后于国际领先互联网企业1.1～1.2的水平。可以预见，我国数据中心在未来一段时间还面临着很大的减排压力。如何寻求发展与生态之平衡、实现可持续发展，是数据中心现阶段所面临的发展难题。

结构性过剩是数据中心建设面临的另一个问题。相关数据显示，截至2019年年底，中国数据中心的数量超过7万个，占全球数据中心规模的23%左右，数据中心机架规模达到227万架，在用互联网数据中心数量达2213个。从数据中心的上架率看，我国数据中心总体供需平衡，但与发达地区数据中心成熟市场相比仍有一定的差距，数据中心利用率有进一步提高的空间。

从城市的供需关系来看，二、三线城市供过于求，北上广等核心城市未来3～5年仍然供不应求。北上广等一线城市对数据中心的业务需求旺盛，加之政策趋严、供给减少，使一线城市的数据中心稀缺性价值凸显。在新基建浪潮下，数据中心的建设格局仍然会以大数据产业发展较为成熟、数据中心需求更为集中的京津冀、长三角、粤港澳大湾区等为热点和核心区域。

从全国整体的供需关系来看，我国数据中心规模数量大致供需平衡，但“东热西凉”的问题依然存在，数据中心东部供给不足和西部供给过剩的结构性矛盾较为突出。据赛迪统计，2019年中国数据中心计算与存储产能的总体利用率仅为50%，而一些西部省份数据中心的产能利用率不到30%。业务量不均衡是数据中心利用率低的主要原因[①]。个别地方政府忽略当地经济发展情况和产业发展需求，盲目上马云计算、数据中心项目，但实际市场需求不足以支撑数据中心的健康运转，设备机房长期空闲的情况时有发生。

此外，我国当前数据中心的规模优势不明显。在国家政策和市场需求的指引下，我国数据中心的建设有了一定的规模，但总体上仍处于小且散的粗放建设阶段，大型数据中心占比低[②]。

截至2020年年底，在全球20家主要云和互联网服务公司运营的超大规模数据中心中，美国占40%，高居榜首，中国以10%的占比排名第二，日本、德国、英国和澳大利亚共计占19%。IDC报告显示，2020年中国数据量占全球的18%。与此相比，我国大型数据中心的数量在全球的占比偏低（为10%）。

中国电子信息产业发展研究院数据显示，2019年我国数据中心数量大约为7.4万个，大约占全球数据中心总量的23%，其中超大型、大型数据中心数量占比达到

---

① 新华网. 数据中心建设切莫贪大求多[EB/OL]. [2020-03-20]（2021-03-24）. http：//www.xinhuanet.com/tech/2020-03/20/c_1125738844.htm.

② 陈健，陈志. 从规模增长走向价值增长——新基建背景下大数据中心产业发展的问题与思考[J]. 科技中国，2021（4）：60-63.

12.7%，规划在建数据中心 320 个，其中超大型、大型数据中心数量占比达到 36.1%。与之相比，美国超大型数据中心数量早已占到全球数据中心总量的 40%。

目前，我国一些大型企业尤其是大型国有企业通常倾向于自己持有数据中心，这些数据中心更多是为了满足运营商自身的业务需求，而非服务于各运营商之间网络交互的数据中心。例如，中国电信运营商具备资源垄断优势，其市场规模占整个数据中心服务市场的比例高达 65%。相比于电信业市场化程度高的美国，我国现阶段比较缺乏能发挥数据中心规模优势的第三方数据服务运营商。

然而，影响我国数据中心发展最关键的一个问题是我国还不能自主控制数据中心涉及的核心技术。如今，芯片、交换机、光模块，以及电源、液冷服务器集群等关键部件已经在我国新一代大数据中心建设中落地应用。但总体来看，Hadoop、TensorFlow 与 Spark 等全球大数据产业发展的底层技术架构仍由美国科技巨头掌控。阿里巴巴在数据中心领域自研的设备部件也没有将 CPU 包含在内。可见，我国在关键技术和重要环节方面仍面临受制于人的风险，我国在网络安全和信息安全技术方面依然面临严峻挑战。

（二）促进我国数据中心健康发展的举措

尽管我国数据中心建设过程中面临一些问题，但应在顶层设计、技术研发等方面加以克服，从而促进我国数据中心的发展。具体措施如下。

（1）加强顶层设计，精准规划。随着数据建基的不断推进，“数据热”也引发了人们对项目能耗过高、重复建设、过度投资的担忧。在推进项目落地的过程中，必须做好顶层设计、因地制宜，以推动数据中心建设健康可持续发展。近年来，我国发布了一系列引导数据中心健康发展的政策，包括绿色发展、优化布局等方面（见表 5-3）。

表 5-3　我国数据中心绿色发展和优化布局相关政策文件

时间	政策文件名称	主要相关内容
2013 年	《关于数据中心建设布局的指导意见》	引导市场主体合理选址、长远设计、按需按标建设，逐渐形成技术先进、结构合理、协调发展的数据中心新格局
2015 年	《国家绿色数据中心试点工作方案》	到 2017 年，围绕重点领域创建百个绿色数据中心试点，试点数据中心能效平均提高 8%以上，制定绿色数据中心相关国家标准 4 项，推广绿色数据中心先进适用技术、产品和运维管理最佳实践 40 项，制定绿色数据中心建设指南

（续表）

时间	政策文件名称	主要相关内容
2017 年	《数据中心设计规范》	从选址及设备布置、环境要求、建筑结构、空气调节、电气、电磁屏蔽、消防与安全等方面规范数据中心的设计，确保电子信息系统安全、稳定、可靠地运行，做到技术先进、经济合理、安全适用、节能环保
2019 年	《工业和信息化部 国家机关事务管理局 国家能源局关于加强绿色数据中心建设的指导意见》	到 2022 年，数据中心平均能耗基本达到国际先进水平，新建大型、超大型数据中心的 PUE 值达到 1.4 以下
	《全国一体化大数据中心协同创新体系算力枢纽实施方案》	以数据中心集群布局等为抓手，加强绿色数据中心建设，强化节能降耗要求等
2021 年	《新型数据中心发展三年行动计划（2021—2023 年）》	用 3 年时间形成布局合理、技术先进、绿色低碳、算力规模与数字经济增长相适应的新型数据中心发展格局
	《“十四五”信息通信行业发展规划》	加大对 5G 基站、数据中心等重点领域绿色化改造等，其中明确到 2025 年年底，新建大型和超大型数据中心的 PUE 值下降到 1.3 以下
	《贯彻落实碳达峰碳中和目标要求 推动数据中心和 5G 等新型基础设施绿色高质量发展实施方案》	绿色发展：全国新建大型、超大型数据中心的平均 PUE 值降到 1.3 以下，国家枢纽节点的平均 PUE 值进一步降到 1.25 以下，绿色低碳等级达到 4A 级以上 优化布局：优化数据中心建设布局，新建大型、超大型数据中心原则上布局在国家枢纽节点数据中心集群范围内

部分省份也发布了本地区的数据中心降耗政策。例如，上海明确新建数据中心的 CPUE 值（综合电能利用效率）不超过 1.3，在用数据中心的 CPUE 值不超过 1.7，改建后的数据中心 CPUE 值不超过 1.4；山东提出自 2020 年起，新建数据中心的 PUE 值原则上不高于 1.3；广东规定，2023—2025 年，在上架率达 70%和能耗强度降低目标完成的前提下，再考虑支持新建及扩建数据中心项目节能审查。

数据中心产业是高新、环保的产业，市场需求大，参与资本多，目前很多地方都在考虑建设大型的数据中心，很容易出现投资过热的情况。因此，各省市在大型数据中心建设选址上，需要有统一的产业政策指导，并且根据各地的需求做好顶层规划，统一布局、科学评估、总量控制，确保项目投入的回报，并充分考虑对当地各方面的影响。此外，要统筹对数据中心的整体规划、报批、管理，采取阶梯式建设引导方案，与各地的实际需要和具体的业务场景相结合，打造绿色节能、智能化管理和运维、成本优化的高质量数据中心。

（2）节能降耗实现绿色发展。作为承载数据的核心基础设施和新兴产业，数据中心全天候运转，其电力成本占运营成本的50%以上。与传统高耗能行业相比，数据中心的能耗和碳排放量还将随业务扩容而继续快速增长，能耗问题更为突出。因此，要通过加强数据、算力和能源之间的协同联动，加快技术创新和模式创新，实现绿色高质量发展。

第一，对新建的数据中心，要提高门槛和标准，提升算力算效。提高新型数据中心的算力算效水平，重点在于提高单位算力。一方面，引导数据中心集约化和高密化建设，加大机架部署的集中程度，提高单位输出算力的效率。另一方面，加强在部署高性能算力方面的引导，加快推进数据中心智能化建设，提高新型数据中心算力供应的多元化能力，从而支撑各类智能的落地应用。同时，通过开展算力算效评价，建立新型数据中心算力算效评估体系和机制，完善相关标准和指南。

第二，对已建的数据中心，要通过技术改造降低能耗，提高节能水平。其中，共建共享是值得推广的模式。数据中心建设采用这一模式，不仅能将有效促进节能减排，还能避免重复建设和资源浪费，并打破当前许多数据中心相互独立的局面，提升集约化水平。

第三，建立健全的绿色数据中心成为趋势，液冷技术成为理想选择。目前数据中心能耗的30%用于散热，再加上大量数据吞吐和运算，数据中心面临前所未有的能耗和散热挑战，因此降低冷却耗能是关键。业内普遍认为，液冷技术是降低数据中心能耗的有效途径。目前，国内的科技公司也积极投身液冷技术的研发与市场拓展。

例如，曙光早于2011年便开始探索液冷技术，历经“冷板式液冷技术”、“浸没液冷技术”和“浸没相变液冷技术”三大发展阶段，于2016年率先在全国开始探索浸没式液冷服务器的大规模应用，2019年实现全球首个大规模浸没相变液冷项目的商业化落地。截至目前，曙光部署的液冷服务器已达数万台，居国内市场份额之首。

第四，建设数据中心能耗及二氧化碳排放的监测系统。目前，北京、上海、深圳等个别领先区域率先启动数据中心能耗实时监测系统建设，但更广泛的地区乃至全国层面尚未建立对数据中心能耗及二氧化碳排放的监测、统计、预警、管理手段和机制，绿色减排目标往往呈现散点式的评估与引导，难以形成完整的产业减排体系，全局性、系统性的能源及碳排放审计不足，导致管理效率较低。

（3）因地制宜合理规划布局。建设数据中心，要坚持科学布局，集约发展，尤其要注意遵循市场和产业规律。相关部门在规划布局数据中心时，应与交通、能源等基础设施规划同步考虑，谨慎新建大型或超大型数据中心，各地也应根据地方发展实际加强对数据中心建设的统筹安排，促进全国范围数据中心的合理布局、集群化发展。

《2021 年中国数据中心市场报告》显示，2021 年全国范围内数据中心规划新增机柜总数约 99.15 万架。在整体上架率方面，华东、华北、华南约为 60%～70%，其他地区约为 30%～40%。供需失衡、能源布局失配，是我国数据中心布局面临的突出问题。

因此，要在京津冀、长三角、粤港澳大湾区、成渝，以及贵州、内蒙古、甘肃、宁夏等地布局建设全国一体化算力网络国家枢纽节点，引导数据中心向西部资源丰富地区集聚。这将进一步打通全国网络传输通道，提升跨区域算力调度水平，推动“东数西算”工程实施，构建国家算力网络体系，优化东、中、西部算力资源协同发展的格局。

统筹布局不仅能引导数据中心向资源丰富的西部地区布局，实现有序发展，还能鼓励西部地区围绕数据中心发展相关产业，实现转型升级、绿色低碳发展。

（4）支持龙头企业壮大规模。目前，我国数据中心的建设正处于起步阶段，数据中心行业的龙头企业较少，大部分地区缺乏龙头企业的带动作用。因此，要引入竞争机制，培育数据服务行业的龙头企业，改变电信运营商垄断的产业格局。而对于数据中心建设速度较慢的大部分地区，可以采用“培育+引进”的方式，凭借本地区产业优势、区位优势、政策优势等，吸引数据中心龙头企业落户，借助数据中心龙头企业的技术优势，加快打造绿色数据中心产业片区，壮大数据中心产业规模。

例如，贵州省在加快壮大大数据龙头企业方面实现重大突破，坚持培育和引进并举，加大招商引资和人才引进力度，支持现有企业做大做强。2020 年，贵州省推动华为鲲鹏产业生态项目引进落地，围绕华为、比亚迪、浪潮等龙头企业开展智能终端、服务器等产业链精准招商。在龙头企业的带动下，朗玛信息、迦太利华、梵运科技、梵快科技等贵州省大数据企业纷纷在大数据产业下深耕细分领域，成了具有全国性、行业性影响力的龙头企业。

近年来，贵阳市深入实施“百企引领”行动，加快打造三个千亿级大数据产业集群。其中，其以龙头企业为重点，打造千亿级电子信息制造产业集群，围绕数据中心服务器等设备制造、手机等智能终端制造，培育做大高附加值整机产业，带动新型显示、集成电路、物联网传感器、电子元器件、半导体材料、动力电池等电子信息制造业发展，加快推进贵安苏州工业园、贵安新区智能终端配套产业园、南明电子信息产业园、振华集成电路产业园等园区建设。

（5）加快关键核心技术研发。为了适应多样化的市场需求，各大数据中心企业应坚持“产品打造”理念，推进数据中心新型服务器、存储、网络等设备与技术的研发和产业化，加快整机柜服务器、OTII、闪存、GPU 等技术的发展，精准对接各类客户需求，促进数据中心朝模块化、预制化方向发展。

具有自主创新能力的企业应加快大规模数据存储、非关系型数据库、数据智能分析处理、可视化等关键共性技术的创新突破，加快对大数据中心建设模式、供电制冷、IT 设备、网络等方面的新技术研究和布局[①]。

基础电信运营商、第三方IDC服务商及IT设备等数据中心行业厂商应密切合作，同时组建数据中心产业联盟，充分发挥各数据中心企业的技术优势，加强数据中心企业之间的技术交流，积极推进大数据技术产业链的关键产品创新升级，确保大数据技术产业链的完整高效。

新基建是推动中国经济转型升级的重要抓手，支撑人工智能发展的数据基建是其中的一大重要方向。对支撑人工智能发展的数据基建，要做好顶层设计，积极统筹数据中心的布局规划工作，在满足市场有效需求的前提下，合理控制各地数据中心的数量和规模。

各地政府应组织专家团队进行市场需求调研，准确把握未来的市场走向，统筹考虑建设规模和应用定位，结合各地实际需求，结合不同区域优势，分工协作、因地制宜地规划建设针对性强、规模适当的人工智能数据中心。

此外，人工智能大型数据中心消耗能源多，维护成本高，需要挑选适宜的地区来建设。要坚持资源环境优先原则，充分考虑资源环境条件，引导大型数据中心优先在贵州、内蒙古等能源相对富集、气候条件适宜、自然灾害较少的地区建设。

---

① 郁明星，孙冰，康霖. 国家大数据中心一体化治理研究[J]. 情报杂志，2020，39（12）：102-110.

第六章
“软硬兼施”：人工智能的基础设施建设

人工智能新基建的“建”主要在于强“基”，这个“基”主要是指由人工智能的硬件和软件构成的基础设施。在新基建的推进过程中，人工智能基础设施建设在于“软硬兼施”，硬件和软件“两手都要硬”，其核心是构建专用设施，填补算力不足，并在融合发展的趋势下构建软硬件协同、新老系统协同、各行业协同的产业新生态。

软件和硬件是人工智能的核心技术，影响人工智能的深层次发展。在新基建的背景下，以软件和硬件为主要构成的人工智能基础设施，应当“建什么”，应该“如何建”？

一、是什么：人工智能基础设施的属性及作用

作为数字经济重要的基础设施，人工智能新基建具有天然的基础性、公共性和外部性特征，广泛地赋能各行业。人工智能的基础设施主要由软件和硬件构成。我们先从宏观角度来认识硬件、软件及其关系。

计算机的硬件是计算机系统中各种设备的总称。计算机的硬件包括 5 个基本部分，即运算器、控制器、存储器、输入设备、输出设备，上述各基本部件的功能各异。运算器能进行加、减、乘、除等基本运算。存储器不仅能存放数据，也能存放指令，计算机能区分数据与指令。控制器能自动执行指令。操作人员可以通过输入设备、输出设备与主机进行通信。计算机内部采用二进制表示指令和数据。操作人员将编好的程序和原始数据送入主存储器中，计算机在不需要干预的情况下逐条取出指令并执行指令相关的任务。

计算机的外观、主机内的元件都是看得见的，一般称它们为计算机的“硬件”。那么，计算机的软件是什么呢？当启动计算机时，计算机会启动操作系统，然后我们可以启动 Word 程序来编辑文件，或者使用 Excel 程序来制作报表，又或者使用 IE 浏览器来上网，等等。以上所提到的操作系统、程序等都属于计算机的软件。软件主要包括应用软件和系统软件两部分。

我们来看硬件和软件的区别。软件是一种逻辑产品，与硬件有本质的区别。硬件是看得见、摸得着的物理部件或设备。在研制硬件产品时，人的创造性活动表现为把原材料转变成有形的物理产品。而软件产品是以程序和文档的形式存在的，通过在计算机上运行来体现它的作用。在研制软件产品的过程中，人们的生产活动表现为要创造性地抽象出问题的求解模型，然后根据求解模型编写程序，最后经过调试程序得到所求问题的结果。整个生产、开发过程是在无形化方式下完成的，其可见度极差，这给软件开发、生产过程的管理带来了极大的困难。

软件产品质量的体现方式与硬件产品不同。硬件产品设计定型后可以批量生产，产品质量通过质量检测体系可以得到保障。但是，生产、加工过程中一旦出现失误，硬件产品可能就会因质量问题报废。而软件产品不能用传统意义上的制造进行生产，

就目前软件开发技术而言，软件生产还是“定制”的，只能针对特定问题进行设计或实现。但是，软件产品一旦实现后，其生产过程就只是复制而已，复制生产出来的软件质量是相同的。设计出来的软件即使出现质量问题，产品也不会报废，通过修改、测试，还可以将“不合格”的软件“修复”，再投入正常运行。可见软件的质量保证机制比硬件具有更大的灵活性。

软件产品的成本构成与硬件产品不同。硬件产品的成本构成中有形的物质占了相当大的比重。从硬件产品生存周期的角度来看，在成本构成中，设计、生产环节占绝大部分，而售后服务只占少部分。软件生产主要靠脑力劳动。软件产品的成本构成中，人力资源占了相当大的比重。软件产品的生产成本主要在于开发和研制。研制成功后，产品生产就简单了，通过复制就能批量生产。

软件产品的失败曲线与硬件产品不同。硬件产品存在老化和折旧问题。当一个硬件产品的部件磨损时，可以用一个新部件去替换它。硬件会因为主要部件的磨损而最终被淘汰。软件则基本不存在折旧和磨损问题。但是，软件故障的排除要比硬件故障的排除复杂得多。软件故障主要是由软件设计或编码错误导致的，必须重新设计和编码才能解决问题。软件在其开发初始阶段存在很高的失败率，这主要是由于需求分析不切合实际或设计错误等引起的。当开发过程中的错误被纠正后，其失败率便下降到一定水平并保持相对稳定，直到该软件被废弃不用。对软件进行大的改动，也会导致失败率急剧上升。因此，测试在软件开发中具有重要地位。

大多数软件仍然是定制产生的。硬件产品一旦设计定型，其生产技术、加工工艺和流程管理也就确定下来了，这样便于实现硬件产品的成批生产。由于硬件产品具有标准的框架和接口，不论哪个厂家的产品，用户买来都可以集成、组装和替换使用。而软件产品复用是软件界孜孜不倦追求的目标，在某些局部范围内，几家领军软件企业也建立了一些软件组件复用的技术标准。

人工智能的基础设施主要由软件和硬件构成，但认识人工智能基础设施的属性，我们可以从产业自身发展及赋能其他行业的角度入手。从此角度，可以认为人工智能新基建分为人工智能通用新基建和人工智能专用新基建两个层次。人工智能通用新基建主要指人工智能自身核心产业的技术创新和发展，可面向全行业、全领域提供通用的人工智能能力。人工智能专用新基建主要指人工智能赋能其他产业，可面向特定行业、特定领域提供专用人工智能能力。两者共同作用，作为传统经济数字化的引擎，为各行业提供人工智能基础支持。

现有人工智能算力远远不足以支撑人工智能发展，必将带动人工智能自身核心产业加快发展。据招商证券等预测，到2025年，人工智能相关底层硬件和通用技术及平台的基础设施累计投资规模预计超2000亿元。综合各方判定，人工智能通用新基建代表的人工智能核心产业，已经催生出一个千亿元的新兴市场，成为经济增长的新动能。

同时，人工智能专用新基建应用领域广阔。人工智能通过赋能各行业，推动数字经济和实体经济融合创新，实现新旧动能的转换和产业结构的优化升级，牵引巨大的行业市场。具体而言，在智慧城市、智慧医疗、智能驾驶、智慧农业、智能制造、智慧金融、智能零售、智慧教育、智能机器人、智慧安防等诸多领域，人工智能都有其专门的应用场景和属性。

根据国务院印发的《新一代人工智能发展规划》，到2030年，人工智能新基建将带动相关产业规模超过10万亿元。人工智能在生产生活、社会治理各方面应用的广度和深度极大地拓展，从而极大地提升传统基础设施的智能化水平，形成支撑新一代人工智能广泛应用的基础设施体系。

作为新基建重要支撑的人工智能，基于其先天的基础设施属性，连接着巨大的市场，人工智能新基建成为我国数字经济时代的重要引擎和经济转型升级的极大助力，也必将在推动我国经济高质量发展过程中起到越来越重要的作用。

二、筑硬件：芯片的性能

2021年6月，工业和信息化部、科技部、财政部等六部门联合印发的《关于加快培育发展制造业优质企业的指导意见》明确提出，依托优质企业组建创新联合体或技术创新战略联盟，开展协同创新，加大基础零部件、基础电子元器件、基础软件、基础材料、基础工艺、高端仪器设备、集成电路、网络安全等领域关键核心技术、产品、装备攻关和示范应用。这份文件信号非常明确，鼓励芯片、网络安全、基础零部件等八大细分领域进一步加强自主可控的能力，更是给出了具体的落实措施。

人工智能软件一直备受关注，但随着软件处理所需的计算资源呈指数级增长，新一代人工智能芯片快速发展。目前，全世界超过90%的数据都是在过去两三年内产生的。2025年，全球数据总量将比现在增长超过10倍，大数据分析技术快速发展。有很多人形象地把数据比作人工智能时代的石油。为了对海量的数据进行处理，基于传统CPU的计算结构已经不能满足我们的需求，我们需要寻找更强大的芯片，以更快、更好地完成人工智能数据处理相关的工作。

那么，人工智能芯片究竟有哪些？在实际的工程和应用场景中，如何选择人工智能芯片呢？不同的人工智能芯片的优点和缺点都有哪些？

根据应用领域不同，我们可以将人工智能芯片分为云端人工智能芯片、边缘人工智能芯片、新型人工智能芯片①。其中，云端人工智能芯片比较常见，主要包括中央处理器（Central Processing Unit/Processor，CPU）、图形处理器（Graphics Processing Unit，GPU）、人工智能专用芯片（Application Specific Integrated Circuit，ASIC）和现场可编程门阵列（Field-Programmable Gate Array，FPGA）。

CPU是目前数据中心中主要的计算单元。为了支持各种人工智能应用，传统CPU的架构和指令集在不断地迭代，比如英特尔的XEON至强处理器引入DL-Boost（深度学习加速技术），加速卷积神经网络和深度神经网络的训练与推理性能。

相比其他三种芯片，CPU在人工智能相关方面的性能还有一定的差距。CPU最大的优势在于它的灵活性和同构性。大部分的数据中心都是围绕CPU来设计和建设的。CPU在数据中心中的部署、运维、扩展和生态系统相对成熟，功耗和成本不算太低，但在人们可接受的范围内。

GPU有大规模的并行架构，非常适合对数据密集型的应用进行计算和处理，如深度学习的训练过程。与CPU相比，GPU的性能会高几十倍甚至上千倍。业界很多公司都使用GPU对各种人工智能应用加速，如分析和处理图片、视频、音频等。另外，GPU具有非常成熟的编程框架（如CUDA），这也是GPU的应用在人工智能时代得以爆发的主要原因之一。

但是，GPU最大的问题在于它的功耗，如英伟达的P100、V100和A100型号的GPU功耗为250～400瓦。相比于FPGA或ASIC几十瓦甚至几瓦的功耗而言，这个数字显得过于惊人。高功耗带来高昂的电费开支。因此，对于GPU在数据中心的大规模部署，通常要考虑的是，它所能带来的算力优势能否抵消它带来的额外电费开支这一劣势。

ASIC的典型代表是谷歌智能机器人AlphaGO中使用的TPU，它可替代1000多个CPU和上百个GPU。在衡量体系里，ASIC的各项指标非常极端。例如，它有极高的性能和极低的功耗，与GPU相比，它的性能可能会高10倍，功耗仅为GPU的1/100，但研发这样的芯片有极高的成本和风险。和软件开发不同，芯片的开发需要

① 高蕾，符永铨，李东升，等.我国人工智能核心软硬件发展战略研究[J].中国工程科学，2021，23（3）：90-97.

投入大量的人力和物力，开发周期往往长达数年，而且失败的风险也较大。放眼全球，同时拥有雄厚的资金实力和技术储备，进行人工智能芯片开发的公司只有寥寥几家。换句话说，这种方法可能对很多公司来说并没有实际的借鉴意义。

此外，ASIC 的灵活度往往比较低。包括谷歌 TPU 在内的 ASIC 通常是针对某些具体的应用开发的，它有可能不适用于其他的应用场景。从使用成本的角度来看，如果我们要使用基于 ASIC 的方案，就需要目标应用有足够大的使用量来分摊高昂的研发成本。同时，这类应用要足够稳定，以避免核心的算法或协议的不断变化，这对于很多人工智能应用来说是不现实的。但值得一提的是，我国在 ASIC 领域涌现出了很多优秀的公司，比如寒武纪、地平线等。

在性能方面，FPGA 可以实现定制化的硬件流水线，并且可以在硬件层面进行大规模的并行运算，而且有很高的吞吐量。FPGA 最主要的特点在于它的灵活性，可以很好地应对包括计算密集型和通信密集型在内的多种应用。此外，FPGA 可以动态可编程和部分可编程。FPGA 可以同时或在不同的时段处理多个应用，这与 CPU 类似，但 FPGA 的性能远超 CPU。在数据中心中，FPGA 主要以加速卡的形式来配合现有的 CPU 进行大规模的部署。FPGA 的功耗一般只有几十瓦，对供电或散热等环节没有特殊的需求，可以兼容现有数据中心的基础设施架构。

在开发成本方面，FPGA 的一次性成本远低于 ASIC，因为 FPGA 在制造出来后，可以通过不断地编程来改变它上面的逻辑功能。而 ASIC 在流片（像流水线一样通过一系列的工艺步骤制造芯片）之后，功能就确定了，如果要改变它的功能，就需要再流片，但这会大大增加其成本。正因为如此，包括深鉴科技在内的很多人工智能芯片初创公司选择使用 FPGA 作为实现平台。相比于其他的硬件加速单元来说，FPGA 在性能、灵活度、同构性、成本和功耗等方面取得了比较理想的平衡。

边缘人工智能芯片可以大致分为以下三类：一是弱端侧人工智能芯片，这类芯片对算力要求不高，对芯片的成本要求比较高，往往面向消费类市场，主要应用于人脸识别门锁、人工智能可视门铃等场景；二是强端侧人工智能芯片，这类芯片对算力要求略高，对芯片的成本要求因产品的定位而异，主要应用于消费类市场；三是边侧人工智能芯片，这类芯片对算力要求高，对芯片的成本敏感度低，主要应用于边缘计算盒子、边缘计算服务器等。

此外，传统的人工智能加速器芯片存在内存墙、功耗较高等各种限制，芯片企业纷纷开始研发处理器性能好和能效比高的新型人工智能芯片，主要包括神经形态芯片、近内存计算芯片、存内计算芯片等。对这些芯片，我国目前正处于探索研发阶段。

艾媒咨询数据显示，2020 年中国人工智能芯片市场规模达 183.8 亿元。在国家政策、资金投入、技术突破等各因素的推动下，人工智能芯片将在云计算、安防、消费电子、机器人等领域实现大规模商用，预计到 2023 年，中国人工智能芯片市场规模将超过千亿元。

三、强软件：深度学习

围绕基础设施应有之义，人工智能新基建按数据、算力和算法三大要素展开，面向社会提供低成本、开放式、通用性人工智能技术和产品。

算力是保障，指机器的计算能力；数据是基础，是机器学习的数据资源库；算法是灵魂，是机器学习的方法。

人工智能的基础设施不只有硬件（芯片），还要重视芯片之上的软件（机器学习）。虽说人工智能不等同于机器学习，但机器学习，尤其是深度学习无疑是近年来人工智能领域大放异彩的一个重要分支。

在人工智能核心软件方面，智能计算框架软件作为人工智能技术的引擎，主要用于计算、数据分析和自动推理。目前，主流的智能计算框架软件多为开源获取，随着国内科技优势企业主导的智能计算框架软件的进一步开源，我国开源市场将迎来更好的发展。

同时，人工智能系统软件编译技术得到迅速发展，人工智能模型算法的通用、易用与可移植水平也不断提高，工业界和学术界涌现出许多优秀的深度学习专用编译器，用来解决不同上层应用在使用不同底层计算芯片时的兼容问题，从而实现从单纯依赖定制基础库转变为与深度学习编译器协同发展[①]。

机器学习对人工智能的主要贡献在于数据驱动，从一定程度上讲，机器学习的基础设施是互联网，互联网支撑了机器学习的崛起。互联网时代人类生产的文字、图片、视频等，构成一个巨大的数字化世界，这些内容天然就是现实世界的某种映射。互联网还产生着第二种数据，也就是人的行为数据。行为数据内容更多，当行为数据达到一定量时，机器就能从中学到人是如何理解一些内容的。

---

① 高蕾，符永铨，李东升，等.我国人工智能核心软硬件发展战略研究[J].中国工程科学，2021，23（3）：90-97.

当然，事实并没有那么简单，行为数据有大量噪声，需要清洗，否则很容易让机器迷惑。对于很多任务，清洗后高质量的、被标注的数据集非常重要。现阶段机器的学习能力还远不如人类，常常做不到举一反三、触类旁通。其对每个特定的任务都依赖高质量的训练数据。尽管人们也在研究如何让机器在有噪声的数据中尽可能地找到规律，但对于很多任务来说，最快、最稳定地提升机器学习效果的办法，还是提供更多更好的数据。

互联网作为人工智能最重要的基础设施，主要承担了提供数据的功能。有了数据还需要计算平台。人工智能新基建的基础平台主要依赖于大数据技术和云计算技术。大数据技术是人工智能的前提，能够从海量数据中挖掘价值；云计算技术则可提供可用的、便捷的、按需的网络访问，使用户使用可配置的计算资源共享池（资源包括网络、服务器、存储、应用软件、服务等），从而大大减少经济支出。

此外，对于深度学习，还需要人来调整网络结构、分析各种中间结果等。因此，在计算平台的基础上，又出现了 Caffe（Convolutional Architecture for Fast Feature Embedding）、MXNet、TensorFlow 等深度学习框架。它们的主要作用是简化开发流程，加速实验的迭代。

随着我国机器学习、深度学习等技术的不断成熟，我国人工智能企业建设了一些人工智能平台，主要有以下几个，如图 6-1 所示。

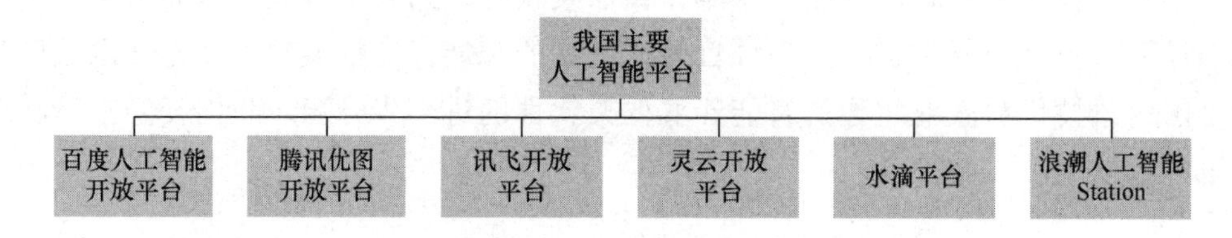

图 6-1　我国主要的人工智能平台

百度人工智能开放平台将百度在人工智能领域积累的技术以 API 或 SDK 等形式对外共享，提供全球领先的语音识别与合成、人脸识别、自然语言处理等数十项服务，开放 DuerOS、Apollo 两大行业生态——全共享应用场景和解决方案。它主要由三个部分构成，即人工智能的算法（已建成全球最大规模的神经网络，拥有万亿级的参数、千亿个样本、千亿个特征训练）、计算能力（拥有数十万台服务器和中国最大的 GPU 集群）和大数据（拥有全网万亿个网页、数十亿级搜索数据、百亿级图像视频数据、百亿级定位数据）。它以机器学习、深度学习为基础，衍生四大核心功能——语音技术、图像技术、用户画像、自然语言处理，开放共享。

腾讯优图开放平台专注于图像处理、模式识别、深度学习等技术，在人脸检测、五官定位、人脸识别、图像理解等领域都积累了完整的解决方案和领先的技术水平。万象优图是腾讯优图和腾讯云携手打造的企业级图片处理大平台，融合了优图团队在图片处理领域顶级的技术方案，同时结合了腾讯云存储业务、CDN 业务，为企业级客户提供一站式的人工智能云服务。

讯飞开放平台（科大讯飞）可使用户通过互联网、移动互联网使用任何设备，在任何时间、任何地点随时随地享受讯飞开放平台提供的“听、说、读、写”等全方位的人工智能服务。讯飞开放平台以“云+端”的形式向开发者提供语音合成、语音识别、语音唤醒、语义理解、人脸识别、个性化彩铃、移动应用分析等多项服务。用户可在讯飞开放平台直接体验世界领先的语音技术，并将其简单快速集成到产品中，让产品具备“能听、会说、会思考、会预测”的功能。讯飞开放平台整合了科大讯飞研究院、中国科学技术大学讯飞语音实验室及清华大学讯飞语音实验室等在语音识别、语音合成等技术上多年的技术成果，语音核心技术达到了国际领先水平。

灵云开放平台（清华灵云）整合智能语音、智能图像、生物特征识别、智能语义等人工智能技术，以“云 + 端”的方式，通过灵云开发者社区为开发者提供语音合成、语音识别、麦克风阵列、手写识别、光学字符识别、人脸识别、声纹识别、指纹识别、自然语言理解、数据挖掘、机器翻译等全方位的人工智能能力服务。灵云开发者社区提供 Android、iOS、C、Java 等多个平台/语言的接口，可使用户将这些服务快速集成到自身产品与系统应用中。

水滴平台（小米）为可以落地的小米全生态硬件产品提供语音服务，它可以为硬件设备提供功能，使用户能够以更直观的方式使用语音与设备进行交互。这些功能包括播放音乐、回答一般性问题、设置闹钟等。通过水滴平台能启用可以落地的小米全生态硬件产品，该平台将提供自然语言处理能力和基于全平台的海量用户数据。

浪潮人工智能 Station 通过训练调优工具 T-Eye 和深度学习并行计算框架 Caffe-MPI 构建融工具、管理与框架于一体的强大人工智能软件平台。浪潮人工智能 Station 可支持多种深度学习框架，快速部署深度学习训练环境，全面管理深度学习训练任务，实现对计算集群的 CPU、GPU 资源进行统一的管理、调度及监控。浪潮人工智能 Station 可提供从数据准备到分析训练结果的完整深度学习业务流程，支持 Caffe、TensorFlow、CNTK 等多种计算框架和 GoogleNet、VGG、ResNet 等多种模型，支持对训练过程实时监控并可视化训练过程，支持打印每一步的损失函数值的日志、训练误差或测试误差等，支持动态分配 GPU 资源以实现资源合理共享，从而实现“一键式”部署深度学习计算环境、快速启动训练任务，可实时监控集群的使用情况，及时发现运行中的问题，提高集群的可靠性。

四、如何建：人工智能基础设施建设的目标

人工智能新基建的硬件和软件如何建？在回答这个问题之前，不妨看看我国人工智能的发展目标。《中华人民共和国国民经济和社会发展第十四个五年规划和2035年远景目标纲要》（以下简称《纲要》）为我国人工智能前沿理论、核心软硬件等关键短板领域指明了未来十余年的发展方向和目标。

我国主要在以下三个方面布局发展人工智能。一是突破核心技术。《纲要》提出“十四五”期间将通过一批具有前瞻性、战略性的国家重大科技项目，带动产业界逐步突破前沿基础理论和算法，研发专用芯片，构建深度学习框架等开源算法平台，并在学习推理决策、图像图形、语音视频、自然语言识别处理等领域创新与迭代应用。

二是打造数字经济新优势。《纲要》提出发展人工智能应以产业的融合应用与产业数字化转型为核心目标，进而逐渐形成数据驱动、人机协同、跨界融合、共创分享的智能经济形态；通过建设重点行业人工智能数据集，发展算法推理训练场景，推进智能医疗装备、智能运载工具、智能识别系统等智能产品制造，推动通用化和行业性人工智能开发平台建设。

三是营造良好数字生态。《纲要》提出要构建与数字经济发展相适应的政策法规体系，如在无人驾驶领域建设完善相关监管框架、法律法规和伦理审查规则。另外，《纲要》提出一系列优化产业政策环境的措施，如“支持民营企业开展基础研究和科技创新、参与关键核心技术研发和国家重大科技项目攻关”。

让我们聚焦人工智能新基建。新基建的本质是信息数字化的基础设施建设，用于支撑传统产业向网络化、数字化、智能化方向发展。那么，对于人工智能而言，其新基建需要以应用需求为目标，发力软硬协同，融合新老系统，培育全新生态。当前，算力需求增速已经远远超过了算力供给能力[①]。人工智能所需的基础算力具有独特性。因此，人工智能新基建的核心是构建专用设施，填补算力不足，同时在融

① 雪球网.“新基建”浪潮来袭，人工智能基础设施全面升级[EB/OL].（2020-06-11）[2021-07-26].https://xueqiu.com/7539058388/151323131.

合的发展趋势下，构建软硬件协同、新老系统协同、各行业协同的产业新生态，具体措施如下。

一是继续夯实通用算力基础。当前算力供给已经无法满足智能化社会构建的需求，根据 Open 人工智能统计，随着深度学习“大深多”模型的演进，无论是对于计算机视觉还是对于自然语言处理，由于预训练模型的广泛使用，模型所需算力直接呈阶跃式增长。据斯坦福《人工智能 INDEX 2019》报告，2012 年之前，人工智能的计算速度紧追摩尔定律，算力需求每两年翻一番，2012 年以后，其算力需求的翻番时长则直接缩短为 3～4 个月[①]。

二是全面提升专属计算能力。近年来，产业界逐渐发现以机器学习为代表的人工智能计算具有独特性，这种独特性表现为低精度、高性能和分布式。在精度方面，机器学习计算大部分场景仅需要低精度计算即可，经过推测，一般应用场景下 8 比特即可满足 95%以上的需求，无须 FP32、FP16 等高精度计算。在性能方面，机器学习计算只需要很小的操作指令集，过去 40 年中开发的众多使通用程序能够在现代 CPU 上以高性能运行的机制，如分支预测器、推测执行、超线程执行处理核、深度缓存内存层次结构等，对于机器学习计算来说都是不必要的，机器学习只需要高性能运行矩阵乘法、向量计算、卷积核等线性代数计算即可。在分布式特性方面，随着模型不断增大，机器学习已经无法通过单芯片完成计算，多芯片、多场景的异构计算需求使机器学习计算必须考虑分布式的计算通信及计算任务的协同调度，实现密集且高效的数据传输交互。

三是提前布局系统协同生态。当前阶段，人工智能的主要赋能方式还是通过通用平台，以聚合的方式提供人工智能基础技术能力。面向端侧的一些成熟应用场景也出现了软硬一体的端侧应用系统，如自动驾驶平台、智慧安防摄像头、基于智能语音语义的智能音箱、终端翻译机等。但是，通用平台无法实现广泛赋能，目前市面上的端侧应用大多功能单一且能力固化。未来人工智能应用及产业发展将呈现多平台多系统协同态势，从而实现更广泛的赋能，具体可从以下三个方面着手。

第一，构建硬件。随着人工智能融合赋能广度和深度的不断加强，不同的应用场景将提出不同的算力需求，以物联网、移动终端、安防和自动驾驶为代表的专用端侧芯片百花齐放，人工智能正式进入算力定制化时代。首先加强芯片相关体系建设。加强智能芯片研制重大基础设施建设，强化智能芯片国产全自主研制环境建设，建立智能芯片在云端和边缘计算等领域的应用示范项目，支撑未来国产全流程智能

---

① 搜狐网.人工智能走向深度学习 构建强大的计算力是重要指标[EB/OL].（2020-04-20）[2021-07-19].https：//www.sohu.com/a/389484488_99947626.

芯片的研制；推进满足国产智能芯片型谱发展演进需要的芯片新型体系架构设计、智能计算增强技术、产业生态技术等方面的发展，加快促进新一代人工智能核心硬件的研发和产业化；重点加强类脑芯片，以及基于忆阻器、光子集成器件、纳米器件等使能技术的新型智能芯片研究，推动设立相关联合研究专项，在智能硬件的体系架构、工艺制造等方面取得变革性突破。其次，加强智能感知设备建设。加强多维人机交互硬件设计、跨领域智能感知、识别和预测等方面的研究，提升未来智能硬件在感知识别、知识计算、认知推理、运动执行、人机交互等方面的能力。再次，加强智能计算系统评测与服务建设。最后，聚焦功能多元化、架构多元化的人工智能基础设施建设，针对性补充机器学习操作计算能力，面向数据跨域交换等进行攻关，积极探索多元化架构，实现机器学习计算能力加速。同时，全面构建面向深度学习计算加速的理论及工程体系，全面涵盖从顶层算法、编译器到体系结构等方面的加速理论及工程实践能力，以大规模分布式学习需求为指引，优化算法实现，打造深度学习编译器，探索体系结构与硬件的最优实践。

第二，构建软件计算能力。端侧是人工智能最终应用的落地点，端侧既是数据的生成端，也是数据的使用端，需要构建能够满足海量不同端侧应用场景下的计算支撑能力。端侧由于受到实时性、硬件能力、功耗等多种限制，需要针对人工智能模型实现不同层面的优化，以全面提升端侧的数据计算、采集及传输能力。应综合考虑传感器、端侧芯片、端侧软件框架、网络架构演进、数据中心协同等关键因素，构建能够实现机器学习模型训练、部署及动态更新的云端协同算法及工程实现能力，打造坚实的泛在计算基础。远期智能软件技术将沿着智能算法的研究主线向前发展，发展重点为在国产智能算法库、智能加速库、智能计算优化技术等方面取得突破性进展，探索面向深度学习和存储结构的智能计算体系结构优化技术；推动人工智能核心算法和底层运算库的技术转化，促进智能算法和运算库的科研成果与实际工程应用相结合，从产业领域加快实现技术的成果转化；加快推进国产智能基础软件的产业化进程，促进面向行业的国产智能基础软件的典型应用、推广与创新场景培育，提高国产智能基础软件在我国各行业应用中的普及率，实现相关产业的追赶突破。

第三，构建协同生态能力。加强人工智能软硬件协同布局，发挥智能软硬件一体化技术优势，强化我国人工智能产业发展的顶层设计能力，促进国产智能基础软件与国产智能芯片及其他硬件的适配、性能优化和应用推广，完善我国具有自主知识产权的“智能基础软件 + 智能芯片”的产业体系，促进融合技术在各行业的应用推广。未来人工智能通用平台、面向具体应用的专用系统将呈现协同态势，需要抓住窗口期，全面建设全新的系统协同能力。通用平台、专用系统之间的功能界定将越来越明确，相关功能将呈现模块化特性，并且高度互补，以实现深度协同。同时，要构建专用系统的软硬协同能力。面向应用的专用系统为满足业务实时响应要求，除了需要部署专属定制算力芯片，还需要在软件层面实现一些功能。例如，实现软件与定制芯片的高度耦合，以达到性能最优；实现软件与垂直行业平台（银行、税务等）及通用平台的高效对接，以保证调用所需平台功能的实时性。

第七章
技术研发：人工智能的科技创新

要加快建设科技强国，进入创新型国家前列，科技创新是关键。政府是人工智能科技创新的“推进器”，高校是推动人工智能科技创新的主阵地，企业是人工智能科技创新的主力军。要提升人工智能科技创新实力，必须充分发挥政府的引导作用、高校的支撑作用和企业的主体作用。

一、一个侧面：从专利看我国人工智能科技创新现状

二、政府推动：发挥好人工智能科技创新的引导作用

三、高校牵动：发挥好人工智能科技创新的支撑作用

四、企业拉动：发挥好人工智能科技创新的主体作用

一、一个侧面：从专利看我国人工智能科技创新现状

当前，我国人工智能在技术与应用方面都取得了巨大进展，但还存在一些发展瓶颈，如缺乏人工智能框架、人工智能芯片等关键技术的支撑。作为一种新兴技术，人工智能的发展离不开科技创新。科技创新使人工智能的算法不断完善，算力不断提高，应用范围不断拓展。

科技创新是人工智能发展的基石，是人工智能持续发展的原动力，是通过人工智能实现弯道超车的关键。人工智能的发展要想突破限制，必须加快科技创新，这样才能推动人工智能各领域朝更高层次发展。

国家统计局国家经济景气监测中心发布的《中国企业自主创新能力分析报告》，从技术创新能力的角度提出一个企业自主创新能力评价指标体系，其包括以下四个一级指标。

一是技术创新产出能力指标，包括申请专利数量占全国专利申请量的比重、拥有发明专利数量占全国拥有发明专利量的比重、新产品销售收入占产品销售收入的比重等。企业技术创新产出能力反映其各种要素组合产生的实际成效，因此该指标是评价企业自主创新能力最直接、最重要的指标。

二是潜在技术创新资源指标，包括企业工程技术人员数、企业工业增加值、企业产品销售收入等。这一指标包括人力资源存量和经济资源存量，主要反映某区域内的所有企业潜在的技术创新能力。

三是技术创新活动指标，包括科技活动经费占产品销售收入的比重、研究和试验发展活动经费投入占产品销售收入的比重等。企业的技术创新活动主要是指企业的研发、技术改造、技术引进及技术推广等活动，该指标可用企业在技术创新活动各环节的经费投入来衡量。

四是技术创新环境指标，包括财政资金在科技活动经费筹集额中的比重、金融机构贷款在科技活动经费筹集额中的比重等。在一个给定的科技投入与制度体系下，外部环境对地区创新能力有着深刻且复杂的影响，外部因素可以归结为企业所处地域的信息化水平、市场竞争程度、政府部门的扶植与金融机构的支持四个方面。

从这个评价指标体系中可以看出，发明专利属于技术创新产出能力指标，可以作为衡量一个国家、一个产业或一个企业技术创新能力的重要评价指标之一。因此，我国人工智能领域发明专利的申请与授权情况，以及发明专利的质量情况，可以从一个侧面在一定程度上衡量我国人工智能领域的技术创新能力。

在新基建政策的推动下，我国人工智能技术专利数量不断增加，专利申请量总体呈逐年上升的趋势。国家工业信息安全发展研究中心、工业和信息化部电子知识产权中心联合发布的《2020 人工智能中国专利技术分析报告》指出，在专利数量方面，截至 2019 年年底，中国人工智能技术专利申请总量首次超过美国，成为全球申请数量最多的国家。

从申请人分布看，百度、腾讯、阿里巴巴等互联网企业在专利申请量和授权量方面都名列前茅，华为等信息技术制造业企业也体现了雄厚的研发实力。其中，百度分别以 9364 件专利申请和 2682 件专利授权处于领先地位；华为则在专利申请总量和授权总量方面分列第三位、第二位，如图 7-1 所示。互联网企业已成为我国人工智能领域科技创新的主力军。

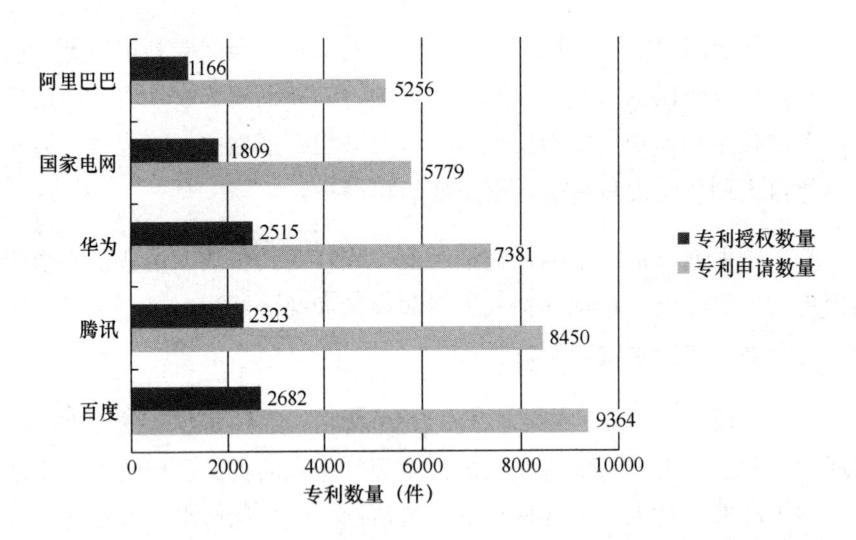

图 7-1　我国主要人工智能专利申请人申请和授权专利数量

数据来源：《2020 人工智能中国专利技术分析报告》。

从专利技术分支看，云计算作为人工智能的基础支撑技术，相关专利占比最多，达到 18.38%；计算机视觉作为人工智能领域的应用技术紧随其后，占比为 17.72%。深度学习、自动驾驶及智能机器人占比分别为 14.52%、12.36%和 9.55%。其后按照占比数值从大到小排序分别是交通大数据、智能推荐、自然语言处理、智能语音、知识图谱技术。

可见，我国在图像识别、自动驾驶等专用人工智能领域已取得较大进展，但在通用人工智能领域的总体发展水平仍处于起步阶段。人工智能依赖深度学习、强化学习等统计机器学习，我国在信息感知、机器学习等智能水平维度进步显著，但在概念抽象和推理决策等方面的能力还很弱①。

值得关注的是，我国自主研发的人工智能专利技术具有良好的技术转化效果，在新冠肺炎疫情防控中发挥了重要作用。《2020 人工智能中国专利技术分析报告》显示，截至 2020 年 10 月底，我国创新主体在疫情防控相关人工智能技术方面申请专利达 3036 件，分布于疫情监测、防控救治、资源调配等领域。

例如，在疫情监测方面，截至 2020 年 10 月底，企业、高等院校和科研院所共申请专利 244 件，获得授权 41 件。在防控救治方面，科大讯飞、百度等企业在智能语音领域共申请专利 301 件。此外，以智能问诊平台、新冠肺炎检测、智能监测等应用为代表，相关单位在疫情医疗救治方面共申请专利 470 件。

国家知识产权运营公共服务平台联合中国信息通信研究院发布的《人工智能中国专利质量研究报告》显示，在专利质量方面，从技术、法律、市场、战略、经济五大价值维度对专利价值进行分析，发现人工智能领域的中国专利质量集中分布在 5～6 级，占比为 59.3%，分布在 7～8 级的专利占比为 33.4%，9 级以上专利占比为 3.2%。由此可见，我国人工智能领域专利的质量大部分处于中等水平。

我国主要创新主体，包括百度、腾讯、华为等的专利质量高于行业平均水平，专利质量高，集中分布在 7～8 级，但 9 级以上的专利较少。特别是百度在高质量专利数量上领先于其他创新主体。在具体细分领域的专利质量分析中，百度在深度学习、自然语言处理、智能语音、自动驾驶、智能推荐、知识地图等领域拥有比其他创新主体更多的高质量专利（7 级及以上）。

近年来，我国人工智能领域的专利在数量和质量方面都得到了较好的发展，但专利的质量主要处于中等水平，高质量专利的数量还不是很多。我们必须清晰地认识到，我国人工智能整体发展水平与发达国家相比仍存在差距，缺少重大原创成果。未来，我国人工智能将在神经形态硬件、知识图谱、可解释人工智能、数字伦理、知识指导的自然语言处理等方面实现进一步的突破。

① 张琳，贾敬敦，李享，等.人工智能创新发展态势及建议[J].中国科技资源导刊，2021，53（4）：47-53，89.

二、政府推动：发挥好人工智能科技创新的引导作用

人工智能技术和产业在发展的过程中，离不开政府的支持和引导。政府应该深刻把握人工智能科技创新和产业发展的规律及培育模式，加强顶层设计和统筹规划，通过制定向人工智能产业倾斜的政策，引导和支持人工智能技术和产业的发展。同时，政府要实施创新人才推进计划、青年英才开发计划、海外高层次人才引进计划等重大人才工程，加快培育符合人工智能企业科技创新需求的高层次、复合型科技人才队伍。此外，应以中央财政资金为引导，带动地方财政和社会投入，集聚科技资源，支持人工智能科技创新和产业发展。

（一）加强顶层设计，引领发展方向

从全球范围来看，国际上围绕争夺人工智能技术产业制高点的竞争已经开始。美国、日本等发达国家正在不断优化顶层设计，积极布局人工智能产业的发展。例如，日本在全球新一轮人工智能热潮的推动下，不断加大顶层设计力度。从 2016 年的《日本下一代人工智能促进战略》到 2017 年的《人工智能技术战略》，再到 2019 年的《人工智能战略 2019》，日本用一系列专项规划及综合性战略对人工智能领域进行了持续性战略部署。

我国也紧跟国际人工智能发展的步伐，大力部署人工智能的顶层设计和发展战略。国家发展和改革委员会、科技部、工业和信息化部等相关部门印发的《国家新一代人工智能标准体系建设指南》提出，到 2021 年，明确人工智能标准化顶层设计、研究标准体系建设和标准研制的总体规则；到 2023 年，初步建立人工智能标准体系，重点研制数据、算法、系统、服务等重点急需标准。

国家发展和改革委员会针对经济社会需求和未来学科发展方向，建立国家重点支持的学科专业清单，健全国家急需学科专业的引导机制，将集成电路、人工智能、储能技术、医学攻关等相关学科专业纳入清单，在招生计划、人才引进、资金投入、职称评审等方面优先支持。国家发展和改革委员会还将聚焦关键领域核心技术，建设一批国家产教融合研究生培养基地和国家产教融合创新平台，按“国家搭平台、企业提需求、学校出成果、协同育人才”模式，把社会需求与人才培养、科技攻关有机衔接，推动研究生教育和经济社会相互促进、高质量发展。

国家发展和改革委员会将与相关部门重点加强人工智能发展的顶层设计，编制

数字经济、新型基础设施等方面的“十四五”专项规划，部署一批重大项目和重点工程，深入推动企业数字赋能行动，培育壮大人工智能产业[①]。

除了国家发展和改革委员会，科技部、工业和信息化部等部门也都大力支持人工智能行业的发展。科技部围绕人工智能基础研究、关键核心技术研发、产业化应用、政策试点示范等方面，加快新一代人工智能规划有关任务的落实，组织实施重大项目，深入推进大数据智能、跨媒体智能、群体智能、增强混合智能、自主智能系统五大方向的研发。

科技部积极推动国家新一代人工智能创新发展试验区建设，支持北京等 11 个地方建设国家新一代人工智能创新发展试验区，开展技术示范，依托领军企业建设自动驾驶、智能供应链、图像感知等 15 个国家新一代人工智能开放创新平台，促进开放共享合作。

工业和信息化部深入贯彻实施党中央、国务院关于推动人工智能与实体经济深度融合的战略部署，以信息技术与制造技术深度融合为主线，从培育智能产品、夯实核心基础、深化智能制造、构建支撑体系四方面推进工作，努力推动人工智能产业发展迈上新台阶。

工业和信息化部还组织了新一代人工智能产业创新重点任务揭榜工作，以重点突破一批技术先进、性能优秀、应用效果好的人工智能标志性产品、平台和服务，为产业界创新发展树立标杆和方向，培育我国人工智能产业创新发展的主力军，加快推动我国新一代人工智能产业创新发展。

另外，工业和信息化部支持创建北京、天津（滨海新区）、杭州、广州、成都国家人工智能创新应用先导区。“十四五”时期，工业和信息化部将进一步与有关省市加强协同，将先导区建设作为推动人工智能和实体经济深度融合的重要载体，导出经验、模式、产品及服务。

总而言之，在国家发展和改革委员会、科技部、工业和信息化部等相关部门的高度重视下，人工智能行业科技创新工作的顶层设计、系统规划不断完善，将促使人工智能领域的基础理论研究、关键核心技术及其产业化应用等方面取得重大突破。

（二）加大人才引进，提供智力支撑

清华大学人工智能研究院、清华-中国工程院知识智能联合研究中心联合发布的

① 加快顶层设计多部委推进人工智能产业发展[J]. 河南科技，2021，40（13）：1.

《人工智能发展报告 2020》显示，全球人工智能领域高层次人才共计 155408 位，中国人工智能领域高层次人才数量共计 17368 位。在全球人工智能领域高层次学者量 TOP10 机构中，清华大学是唯一的中国机构，其余均为美国机构。由此可见，我国人工智能顶尖人才供给不足①。

另外，部分留学生毕业后留在国外工作，也造成了我国科技人才的流失。马可波罗智库相关数据显示，全球 53%的顶级人工智能研究人员都带有“移民”属性，然而在这部分具有“移民”标签的人工智能科学家中，中国排第一②。可见，我国人工智能领域顶尖人才流失比较严重。

当前，一些发达国家出台了一些政策，不利于人工智能领域外籍人才的发展，或许我们可以抓住这个机会，引进更多优秀的人才。为了更好地把握一些发达国家人工智能领域人才溢出带来的机会，吸引更多高端人才回国，我国可以采取以下措施。

第一，实施人工智能人才工程，制定“一对一”的人才引进政策，推广“人才绿卡制度”，充分利用重大人才工程，引进人工智能领域的国际顶级科学家和归国优秀人才。

第二，重点围绕外籍人才子女可在居住地接受义务教育、医疗保障与社会保障对接和出入境与永久居留等领域，完善海外高层次人才引进法律制度，建立中国国际人才政策法律体系，保障国际人才合理合法合规地流动③。

第三，以人工智能等前沿领域为重点，每年面向世界排名靠前的高校遴选一批海内外优秀博士，依托博士后科研流动站、博士后科研工作站培养，在科研项目、导师带培、学术交流等方面给予重点支持，储备一批具有发展潜力的青年创新人才。

第四，建设国际化的人工智能人才智库平台，定期举办高层次人才论坛、学术研讨会、论坛讲座等招才引智活动，为海内外人才搭建学习研讨、交流合作的平台，也为人才引进、人才问题研究、人才政策制定提供科学依据。

---

① 施云燕，裴瑞敏，陈光，等.国外人工智能人才培养政策及对我国的启示——以美国、英国、加拿大、日本为例[J].今日科苑，2021（5）：22-28.

② 丁佳豪，赵程程.全球人工智能人才流动趋势判断与中国对策[J].上海质量，2021（10）：17-19.

③ 李北伟，路天浩，李麟白.中美科技竞争环境下海外高层次人才引进对策[J].科技管理研究，2021，41（18）：26-31.

（三）加大资金扶持，提供物质保障

为了进一步推动人工智能产业的发展，我国要以人工智能产业链、创新链的重大需求和关键环节为导向，统筹利用现有产业发展和转型升级资金，设立人工智能创新发展专项资金，加大对人工智能产业和企业的财政支持力度，重点支持人工智能创新发展、产品研发、应用示范、场景开放、企业培育、平台建设、合作交流等方面的工作，同时鼓励各类金融机构在人工智能企业贷款时给予一定的利率优惠。

具体而言，人工智能创新发展专项资金主要支持大规模、多模态行业知识图谱及智能服务系统的研发与应用；支持具备多维融合、环境感知、智能交互、智能操作等功能的服务机器人及云端系统的研发与应用；支持具有自动感知、智能避障及自主行驶无人机、无人船等无人系统的研发及产业化；支持具备智能控制和智能计算能力的高分辨率、高精度的智能传感器的研发及产业化等。

此外，我国可以吸引国内外金融机构、企业和其他社会资本设立人工智能产业发展基金。该基金重点关注大数据、云计算、工业互联网、智慧城市等人工智能相关领域，将按照市场化运作方式，投资处于成长期、扩张期等发展阶段的人工智能产业相关企业，支持产业发展中处于初创期、成长期的人工智能项目；重点围绕交通、医疗、金融、制造、教育等领域，打造一批人工智能深度应用场景，对示范带动效果好的项目给予基金支持，以加速企业技术成熟与应用场景落地。例如，人工智能产业发展基金可支持无人机、无人车等综合性体验场景建设，支持国际会议会展中人工智能技术的应用体验等。

一般而言，人工智能产业发展基金可主要支持企业围绕人工智能芯片、核心算法、操作系统、智能传感器等领域开展核心技术攻关，对取得颠覆性创新成果的项目给予基金支持；支持人工智能协同创新平台、公共计算平台、开源及共性技术平台等开放创新平台的建设，根据平台对人工智能产业的支撑和带动作用，给予基金支持等。

例如，安徽省人民政府从提升创新能力、支持项目建设、加大基金支持等方面强化对人工智能产业的扶持，推进人工智能研发攻关、产品应用和产业培育，对智能传感器、高端智能芯片、智能制造装备等产业链的关键环节进行补助。

安徽省人民政府也大力支持企业研发产品和推广人工智能场景应用方案，每年择优评选 10 个人工智能场景应用示范予以授牌，并按照不超过关键设备和系统软件投入的 20%给予应用方补助。此外，安徽省人民政府鼓励企业、科研机构、行业协会等建设高水平人工智能公共服务平台、开源和共性技术平台，对运营情况好、服务能力强、评定优秀的平台给予资金奖励。

三、高校牵动：发挥好人工智能科技创新的支撑作用

高校集聚了众多高水平的科研工作者和青年学生，具有较强的科研实力和创造活力，在人工智能基础理论和自然语言理解、计算机视觉、多媒体、机器人等关键技术研究及应用方面具有一定的科技创新基础。高校作为我国科技创新的主阵地，产出了大量的人工智能科技创新成果。

为了让人工智能科技创新成果更好地服务经济和社会发展，高校要充分发挥在人工智能科技创新中的支撑作用，不仅要加强基础研究和关键领域的核心技术攻关，而且要重视把科技创新优势转化为产业发展优势，提高成果转化率，形成产学研协同攻关、协同创新的强大合力。

（一）产学研相结合，推进成果转化

高校是我国人工智能基础研究的重要主体，是我国人工智能科技创新的关键一环。目前，高校、科研院所、企业之间的合作多为自发性短期行为，缺乏顶层统筹及可持续运行机制，产学研合作的密切程度待提升，成果转化率不高。对我国人工智能产业而言，高校、科研院所、企业之间如何实现密切合作、提高科技成果转化率的问题亟待解决。

为了解决上述问题，首先，高校要增强产学研合作意识，结合当地的经济背景，加强与社会各方联系，以市场需求为导向，围绕人工智能技术成果转化，加强人工智能基础研究，攻克一批人工智能技术难题，实现前瞻性基础研究和引领性原创成果的重大突破。同时，高校要采取有效措施，理顺科研成果转化机制，使高校成为推动人工智能发展的强大引擎。

例如，复旦大学类脑智能科学与技术研究院以前瞻性、战略性、前沿性脑科学基础研究为主线，推动新型类脑芯片研发及类脑智能技术的医学方面的转化应用；上海外国语大学与科大讯飞共建智能口笔译研究联合实验室，致力于研究机器翻译、人机耦合的同声传译等领域；上海交通大学人工智能研究院以人工智能理论技术研究平台、人工智能芯片与无人系统研究平台、智能网联汽车集成应用场景实验平台、

智能+X 跨学科应用平台为抓手，打造人工智能跨学科人才培养基地和人工智能国际研究中心。

其次，高校要积极参与政府举办的人工智能领域科技成果专场对接活动，使优质科研成果与人工智能企业的发展需求紧密结合，加快人工智能科技成果转化，推动产学研大联盟逐步形成，推动产学研深度合作。

例如，武汉市洪山区政府大力支持高校和科研院所在人工智能领域的科研成果转化，曾举办科技成果转化对接活动之人工智能专场，24 个来自高校和科研院所的人工智能科技成果与企业成功对接，签约总额达 2.3 亿元。此外，武汉市洪山区政府建立洪山区大学之城技术转移联盟，引导科技型企业与辖区内 10 多所高校联手建立产学研创新平台 51 个，引进湖北技术交易大市场，实现 13 个院士专家项目落地，技术转移示范机构达 23 家，技术交易额已超 80 亿元。

最后，更重要的是，高校要积极搭建转化成果展示和创新资源对接平台，建立社会信息输入高校和高校科研成果输出转化的新模式，促进学术与产业的无缝对接。例如，由清华大学电子工程系牵头，清华大学与商汤科技合作开展的“感知计算产学研深度融合专项计划”，致力于突破“感知计算”方向的人工智能发展瓶颈。

（二）建设基础设施，助力技术研究

为了进一步促进人工智能基础研究和应用研究深度融合，高校可以与人工智能企业共同建设一批高水平人工智能实验室、高水平人工智能研究基地等重大基础设施，利用校企双方在业务应用、产品开发和技术研究等方面的优势，聚焦人工智能重大科学前沿问题和应用基础理论瓶颈，重视面向国家重大需求的研究和应用，在人机协同、人工智能技术核心芯片、新型计算机架构等领域开展重点研究，引领人工智能产业发展。

例如，浙江省人民政府、浙江大学、阿里巴巴集团共同建设的之江实验室，以国家目标和战略需求为导向，以重大科技任务攻关和大型科技基础设施建设为主线，以打造国家未来战略科技力量为目标，形成一批原创性、突破性、引领性、支撑性的重大科技成果，汇聚和培养一批具有全球影响力的高层次人才，建设世界一流新型研发机构。该实验室的主攻方向是聚焦人工智能和网络信息两大领域，重点在智能感知、智能计算、智能网络和智能系统四大方向开展基础性、前沿性技术研究，以全球视野谋划和推动创新。

腾讯与南方科技大学共建人工智能研究基地，双方围绕国家宏观产业政策和区域发展政策，针对“人工智能+”“互联网+”等新型产业前沿课题，共同探索成立联合研究团队，开展新兴引领性技术研究，围绕“产学育人”开展联合课题申报、公共基础科研服务云平台建设等合作。

此外，我国人工智能基础设施建设仍处于初期阶段，特别是算力基础设施还存在布局不合理、发展不均衡、共享不充分、服务单一、能效不高等问题。面向更大区域、更多行业的人工智能推广所需要的公共算力服务中心、创新中心等基础设施亟待统筹规划。

算力的提升将加速各行业的数字化、智能化转型，推动中国数字经济高质量发展。《2020 全球计算力指数评估报告》显示，算力与经济增长紧密相关，算力指数平均每提高 1 个百分点，数字经济和 GDP 将分别增长 3.3‰和 1.8‰。

为此，在新基建的时代背景下，高校应该加强对新一代人工智能基础设施方面的研究，特别是加强对以人工智能计算中心为核心的算力基础设施研究，大力开展节约资源、节能降耗的算力基础设施关键技术的研发，建立健全算力基础设施全生命周期评价体系；着力补齐算力基础设施关键短板，如芯片、操作系统、数据库等，加强基础理论、技术和应用研究。

例如，重庆邮电大学凭借在“数据智能”领域的领先优势，承担了大数据智能研究的前沿工作，打造了计算性能达每秒千万亿次规模的人工智能创新平台。重庆邮电大学人工智能创新平台在保持强劲计算性能的同时，减少能源能耗，打造高效集约、性能强大的算力基础设施。该平台以领先的“智算”理念，通过硬件重构与软件定义的方式实现资源池化，可提供强劲的智慧计算服务。平台配置了浪潮领先的 AI 服务器 NF5468M5，具备超高性能，可将数据保存有效期延长至业界平均水平的 9 倍，并支持 10 种以上的 GPU 拓扑，提供业界至高通信带宽，适配各类 AI 应用场景。

为了更好地服务面向海量数据的科研活动，重庆邮电大学人工智能创新平台采用领先的存储系统，可提供更高性能、更低时延、更具弹性的数据存储服务，以及高效、灵活的双活、容灾、备份等解决方案。与此同时，平台的超大 IB 网络，实现了低时延、低 CPU 占有率和高带宽的网络通信，保障了平台节点间的高速互联。平台整体采用领先的绿色节能技术，在提供强大性能的同时，整体 PUE 值控制在 1.4 以下，真正做到集约高效。

作为共建共享的算力基础设施，重庆邮电大学的人工智能创新平台不仅将开放给全校师生使用，未来还将向社会各界开放。因此，提升算力调度的精细化程度，实现 GPU 算力资源的最大化利用，是平台的核心特质之一。

四、企业拉动：发挥好人工智能科技创新的主体作用

在人工智能科技创新的过程中，企业要充分发挥主体作用，充分释放科技创新的活力，从而增强科技创新对人工智能产业的支撑作用。人工智能企业要不断提高研发投入的积极性，增强研发能力，攻关核心技术，在重点领域取得一批创新成果，为人工智能产业的发展提供强有力的支撑。同时，人工智能企业要加快布局产业链，拓展人工智能应用场景，逐步成长为龙头企业，主动与行业骨干企业、科研院所、高校组建人工智能产业技术创新战略联盟，壮大区域内人工智能产业的规模。

（一）突破关键技术，掌握核心科技

当前，我国人工智能产业加速发展，整体呈现蓬勃发展态势，但基础层仍然相对薄弱。《全球人工智能基础设施战略与政策观察（2020 年）》指出，我国在人工智能基础理论、核心算法框架等关键技术方面与国际领先水平存在差距，开源工具运用水平有待提升。因此，人工智能产业进一步发展，需要企业发挥在科技创新中的主体作用。

人工智能企业要对标国际国内人工智能发展的顶尖水平，瞄准关键核心技术、“卡脖子”领域，开展科技攻关，推动人工智能高端芯片、操作系统、人工智能关键算法、传感器等关键领域实现突破，推进基础理论、基础算法、装备材料等研发突破与迭代应用，促进人工智能新技术、新产品、新模式的落地应用，形成若干具有示范推广意义的深度应用场景和高水平的人工智能应用解决方案。

但是，关键核心技术的突破不可能一蹴而就，离不开企业未雨绸缪的战略部署，离不开企业持之以恒的基础研究。因此，人工智能企业要壮大科研队伍，提高核心技术的研发能力，掌握属于自己的关键技术，立足中国，面向世界，以自身成长壮大来助推人工智能产业不断迈向更高端的科技领域。

例如，中关村企业小马智行公司一直以“构建世界一流 L4 级自动驾驶技术”为发展理念，深耕智能网联汽车领域，为自动驾驶技术提供硬件解决方案和软件解决方案。目前，小马智行公司在上海、北京、广州及弗里蒙特、尔湾中美 5 个城市落地了规模化自动驾驶车队，在中国北京、广州及美国加州硅谷设立了自动驾驶研发

及运营中心，并先后推出了自动驾驶出行及配送服务，在全球城区公开道路的自动驾驶测试里程突破 300 万千米。

在自动驾驶系统中，好的驾驶决策首先必须要以好的视觉感知为基础。中关村的高科技企业中科慧眼公司，一直专注于双目立体视觉的技术研发。目前，中科慧眼公司的双目立体相机最远测距范围已提升至 120 米，且保证误差小于 3%，可以与激光雷达相媲美，而且点云密度也比激光雷达高很多。

目前，中关村企业针对无人驾驶汽车产业链上的传感器、芯片、软件算法及系统解决方案等产品进行技术研发，在一轮轮技术攻关中不断超越，多项成果已处于世界领先地位。未来 5 年，中关村企业将进一步突破汽车线控技术、分布式驱动技术等关键核心技术，建设产业协同创新平台，为中关村无人驾驶汽车产业高速发展注入新动能。

（二）培育龙头企业，壮大产业规模

中国新一代人工智能发展战略研究院发布的《中国新一代人工智能科技产业发展报告 2021》数据显示，截至 2020 年年底，我国人工智能企业主要分布在京津冀、长三角和珠三角三大都市圈，占比分别为 31.02%、30.23%和 26.39%，如图 7-2 所示。

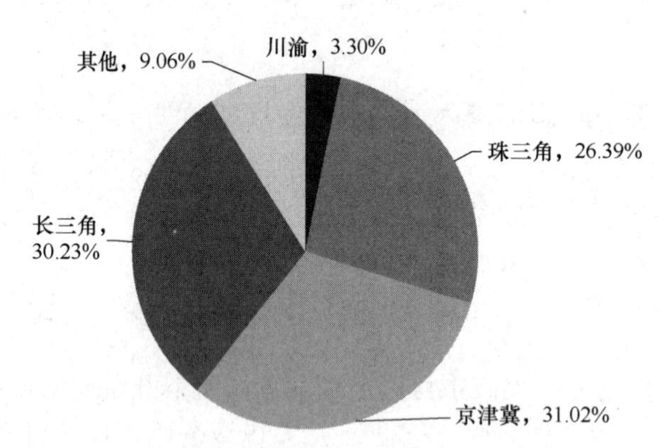

图 7-2　中国人工智能企业在全国都市圈的分布

具体来看，人工智能企业主要分布在北京市、广东省、上海市、浙江省等省份。从主要城市来看，人工智能企业分布密集的城市是北京、上海、深圳和广州（见图 7-3），占比分别为 29.73%、14.07%、13.99%和 8.14%。

其中，北京作为中国集聚人工智能企业最多的区域，其人工智能产业的链条已经比较完善，且在产业链的重点细分领域均出现了行业龙头企业，如表 7-1 所示。在基础层，传感器行业的龙头企业有京东方科技等，人工智能芯片行业的龙头企业有中星微电子、寒武纪、地平线、四维图新等，云计算行业的龙头企业有百度云、金山云、世纪互联等，数据服务行业的龙头企业有百度数据众包、京东众智、数据堂等。

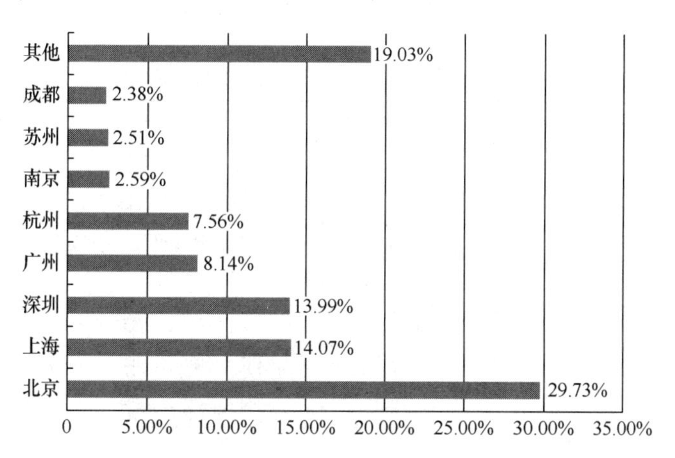

图 7-3 中国人工智能企业在全国主要城市的分布情况

表 7-1 北京人工智能产业细分领域的龙头企业

层次	细分行业	龙头企业
基础层	传感器	京东方科技等
	人工智能芯片	中星微电子、寒武纪、地平线、四维图新等
	云计算	百度云、金山云、世纪互联等
	数据服务	百度数据众包、京东众智、数据堂等
技术层	机器学习	百度 IDL、京东 DNN 等
	计算机视觉	商汤科技、旷视科技等
	自然语言处理	百度、搜狗、紫平方等
	语音识别	出门问问、智齿科技等
应用层	“智能+”	云迹科技、医渡云、深睿医疗、零度智控、好未来教育等

在技术层，机器学习行业的龙头企业有百度 IDL、京东 DNN 等，计算机视觉行业的龙头企业有商汤科技、旷视科技等，自然语言处理行业的龙头企业有百度、搜狗、紫平方等，语音识别行业的龙头企业有出门问问、智齿科技等。

应用层的人工智能重点企业涉及各领域，重点聚焦在智能机器人、智慧医疗、智能运载工具、智慧教育等领域，代表企业有云迹科技、医渡云、深睿医疗、零度智控、好未来教育等。北京人工智能发展在众多领域领跑全国，正在逐步形成具有全球影响力的人工智能产业生态体系。

此外，上海和广东地区的人工智能产业链代表企业分布也较为广泛，细分领域的龙头企业较多。据上海市经信委不完全统计，目前上海人工智能核心企业超过1000家，泛人工智能企业超过3000家。从细分领域来看，上海地区在核心基础圈、技术开发圈和场景应用圈均有重点企业，如表7-2所示。

表7-2　上海在人工智能三大圈层的代表企业

圈层	领域	代表企业
核心基础圈	计算硬件（人工智能芯片和传感器）	西井科技、澜起科技、富瀚、熠知、复旦微电子、新微、安路、晶晨半导体、矽典微电子、肇观、深迪、酷芯等
	数据及计算平台	冰鉴科技、星环科技、评驾科技、驻云科技、上海大数据中心、上海数据交易中心等
	计算系统技术	Ucloud、七牛云、科大智能、凌脉网络等
技术开发圈	计算机视觉	依图科技、阅面科技、亮风台、小蚁科技、径卫视觉、名片全能王、图漾科技、银晨科技、奇手科技、Versa等
	语音识别与自然语言处理	效声软件、互问科技、竹间智能、达观数据、乐言等
场景应用圈	“智能+”	森亿智能、傅利叶；氪信科技、玻森数据、烨睿科技；思岚科技、蔚来汽车；微鲸科技；深兰科技、汇纳科技；钛米机器人、小i机器人；纵目科技、扩博智能等

注：表中企业为总部在上海的人工智能企业。

在人工智能核心基础圈，上海依托强大的芯片产业基础，集聚了一批人工智能芯片企业。另外，上海在人工智能数据及计算平台方面也有若干龙头企业。在计算系统技术领域，上海的Ucloud具有较强的行业影响力。

在人工智能技术开发圈，上海人工智能企业主要集中在计算机视觉、语音识别与自然语言处理两大细分领域。在计算机视觉领域，上海培育了一批龙头企业，拥有依图科技、径卫视觉等。在语音识别与自然语言处理领域，上海本土培育的龙头企业较少，但吸引了大批国内龙头企业设点布局。科大讯飞在上海有重要的研发基地，思必驰、汉王科技、云知声等龙头企业也在上海设点布局。

在人工智能场景应用圈，上海初步构建了各行业的智能应用小生态圈，主要包括智慧医疗、智慧金融、智慧教育、智能安防、智慧交通、智能家居、智慧零售和智能制造等领域。

广东地区的深圳也形成了完整的人工智能产业链，据不完全统计，目前深圳人工智能企业总量超过 600 家，并形成几大阵营：以华为、腾讯、中兴、平安科技为代表的 IT 阵营，它们布局人工智能产业，主要是为抢占人工智能产业技术的制高点；以富士康、华星光电、比亚迪为代表的制造阵营；以大疆、商汤科技、云天励飞等为代表的人工智能初创阵营[①]。

在人工智能产业中，我国拥有百度、华为、腾讯、科大讯飞、大疆、小米等诸多龙头企业，它们持续布局人工智能产业链，掌握人工智能产业的核心技术和资源，但主要集中在北上广三地。其他地区虽然也集聚了一些人工智能领域的创新企业，但人工智能产业基础薄弱，尚未建立健全的产业生态体系，具体表现为人工智能企业的规模较小、层次不高，缺乏人工智能龙头企业和产业联盟的带领作用，企业之间缺乏技术资源交流，产业的凝聚力不强，尚未形成协同发展的产业氛围。

例如，云南省昆明市在人工智能基础层发展比较慢，从事高端芯片设计的企业并不多，从事操作系统、存储系统等方面的企业相对多一些。同时，昆明市在人工智能技术层的企业相对较少，企业力量相对较弱。相比于基础层和技术层，昆明市在人工智能应用层的企业相对较多，应用范围也比较广泛，主要集中在智能安防、智能制造等方面。从整体来看，昆明市的人工智能产业仍处于起步阶段，目前企业主要分布在应用层，而在基础层和技术层的发展空间还比较大。长远来看，昆明市人工智能的产业基础还有待加强，人工智能产业体系还有待完善。

我国大部分省市面临人工智能产业龙头企业缺乏的情况，首先，这些省市要借助龙头骨干企业在人工智能领域的突出优势，加速进行产业链布局。例如，福建省依托瑞为、罗普特、硕橙等优势企业，充分发挥其在人工智能图像处理技术、智能语音处理技术、无人驾驶技术、新型人机交互技术等领域的领先优势，建立厦门火炬高新区及三大软件产业园，加快人工智能产业链布局，形成良好的相关产业生态圈，推动人工智能产业规模化发展。

其次，这些省市要重点招引人工智能领域的领军企业、独角兽企业、细分领域国内 10 强企业等，支持、鼓励它们设立区域总部、研发中心和生产基地，重点跟踪国内外计算机视觉、智能算法、智能芯片等技术领域，加快优质大项目落地，支持建设一批人工智能特色园区。

最后，这些省市要加快组建紧密型的人工智能、大数据、云计算、物联网等新一代信息技术产业联盟，支持产业链上下游企业开展配套和供需合作。例如，合肥

① 丁兆威.深圳，中国人工智能第三“极”[J].中国公共安全，2020（4）：28-32.

市综合性国家科学中心人工智能研究院牵头组建合肥市新一代人工智能产业发展联盟，该联盟拥有高等院校、科研院所、金融机构、企事业单位等各类成员单位 322 家，有利于加强联盟会员单位间的产业研究交流，实现研发攻关、企业培育、人才集聚、行业应用和产业发展“五位一体”全面发展，助推合肥市人工智能产业加快做大做强做优，形成人工智能产业集群。

第八章
产品研制：人工智能的融合发展趋势

为适应人工智能深度融合发展的趋势，要大力搭建“政—产—学—研—资—用—孵”合作平台，发挥人工智能产业的“集群效应”，并建立人工智能科技成果转化长效机制，加快完善知识产权保护服务，促进人工智能科技创新和应用落地。更重要的是，人工智能企业要坚持以人为本的产品研发理念，更加注重用户的体验和个性化需求的满足，实现真正的价值创造。

一、融合平台：成立人工智能产业发展联盟

人工智能产业发展联盟的成立是党中央、国务院高度重视人工智能发展的表现，也是落实国务院《新一代人工智能发展规划》部署的具体体现。

自2017年开始，我国人工智能产业发展联盟如雨后春笋般地涌现出来。中国新一代人工智能发展战略研究院发布的《中国新一代人工智能科技产业区域竞争力评价指数2021》显示，截至2020年12月31日，全国共2205家人工智能企业、444个产业发展联盟或行业协会、1073个人工智能产业园区，31个省、市、自治区共出台577项相关政策。

人工智能产业发展联盟汇聚人工智能行业顶尖企业、高校、科研院所、投资服务机构等多方优势资源，以国家产业政策为导向，以市场为驱动，以企业为主体，着力搭建人工智能产学研用合作平台，为重点企业、高校、科研院所等搭建专业支撑平台，促进联盟成员在人工智能领域研发、设计、生产、集成、服务能力的提升。在人工智能科技创新和产业发展过程中，人工智能产业发展联盟具有重要作用。

首先，人工智能产业发展联盟能够密切跟踪产业前沿，强化方向引领和指导，聚焦重点领域，推动人工智能技术在生产制造、健康医疗、生活服务、城市治理等场景的应用，提升产业发展能力与水平。

其次，人工智能产业发展联盟能够主动对接和借助各方资源，积极策划内容丰富、形式多样的活动，贴心精细服务我国人工智能企业，助推人工智能产业加快做大做强做优，促进我国人工智能产业健康高效发展，推动产业协同合作创新。

再次，人工智能产业发展联盟能够整合人工智能全产业链资源，促进人工智能科技成果和资源的积累与转换，助推人工智能与经济社会各领域的深度融合，搭建“政—产—学—研—资—用—孵”合作平台，实现研发攻关、企业培育、人才集聚、行业应用和产业发展等全面发展，打造优良产业生态。

最后，人工智能产业发展联盟主要围绕人工智能产业发展的共性技术和关键技术需求，联合开展人工智能技术、标准、产业和伦理研究，共同探索新模式、新机制，推进技术、产业与应用相结合，促进联盟成员之间的资源共享和互惠互利，逐渐形成一个个在国内具有影响力的产业聚集高地。

例如，长三角人工智能产业链联盟目前已经吸纳了 60 家单位，包括人工智能骨干企业、高校、科研平台、行业协会、社会机构、智库组织等相关单位，涵盖芯片算力、核心算法、智能场景、产业生态等人工智能核心领域，致力于在核心技术研发、功能平台建设、创新成果推广、人才培养交流等方面深化合作（见图 8-1），为促进长三角地区一体化高质量发展迈出了坚实一步。

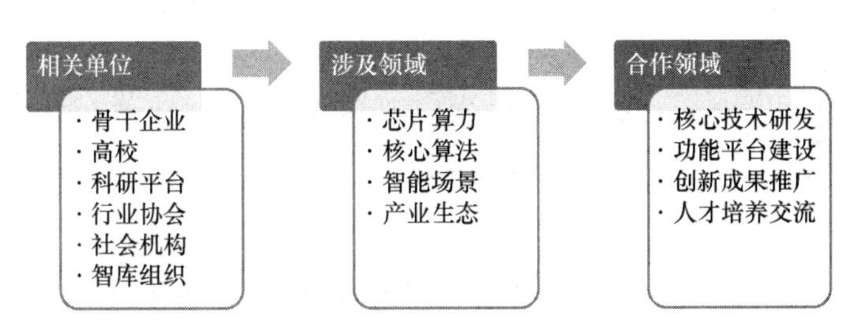

图 8-1　长三角人工智能产业链联盟情况

长三角人工智能产业链联盟将成为长三角地区人工智能发展专家智库，为区域发展建言献策；推进人工智能与实体经济深度融合，打造示范创新应用；开放人工智能核心技术平台，培育人工智能产业链。

长三角人工智能产业链联盟将搭建长三角人工智能产业与三省一市相关政府部门的沟通对接平台，加强政企高效沟通；搭建长三角人工智能开放平台，吸引和培养更多人工智能专业人才；组织高校、智库组织等与企业加强合作，共同实现人工智能核心技术突破。长三角人工智能产业链联盟旨在发挥联盟成员在人工智能领域的积累，打造长三角一体化人工智能产业集群和标志性产业链，推动长三角一体化高质量融合发展。

总而言之，人工智能产业发展联盟的成立，与国家支持人工智能发展的政策一脉相承。人工智能产业发展联盟汇聚产学研用各方力量，整合区域内的创新优势，有利于推动人工智能在社会各场景的加速落地，进而推动人工智能产业进入一个新的发展阶段。

二、稳中求进：建立科技成果转化长效机制

由于人工智能科技成果本身具有创新性、先进性与实用性，因此在科技成果转化的过程中，我们应充分了解市场需求，让人工智能科技成果与经济和社会的发展更加紧密融合，更加具有操作性。科技成果转化是实现创新驱动发展的根本路径，

是实现人工智能技术与经济深度融合的关键环节。面对我国目前人工智能科技成果转化仍存在不力、不顺、不畅等问题，需要进一步完善促进科技成果转化的机制和举措，切实增强科技创新对高质量发展的驱动能力。对于我国人工智能产业的发展，加强科技成果转化长效机制的构建具有重要意义。

人工智能科技成果转化长效机制的建立，一方面能够增强人工智能科研工作的目的性，从而促进高校、科研院所等进一步开展技术创新研究；另一方面能够使人工智能科技成果尽快进入市场，实现科技成果转化，进而推动人工智能企业进一步发展。

（一）完善以市场为导向的人工智能科技创新机制

人工智能科技成果转化不顺畅的一个重要原因是人工智能科技成果与市场需求不匹配。促进形成人工智能科技成果转化良性循环，应围绕我国高质量发展的现实需求，发挥市场对人工智能技术研发方向、路线选择、要素价格、各类创新要素配置的导向作用，引导科研人员瞄准市场技术需求、前瞻性技术需求开展研究。

在人工智能科技成果转化的链条上，企业、高校、科研院所等各大创新主体都应发挥好各自的职责。发挥市场在人工智能科技成果生态链条上的驱动作用，有助于建立以市场需求为导向的成果产出机制，引导高校、科研院所及有创新能力的企业面向世界科技前沿、面向经济主战场、面向国家重大需求展开科技攻关，加快新技术、新成果的转化应用。在鼓励高校、科研院所等机构自由探索的同时，应强化成果转化意识，从源头提高创新资源的利用效率，避免出现大量重复、低质量、缺乏转化价值的成果。

以市场导向疏通人工智能科技成果转化链条，还须处理好政府和市场的关系。应建立以企业为主体、市场为导向、产学研用深度融合的人工智能科技创新体系，完善政策支持、要素投入、激励保障、服务监管等长效机制，构建起、维护好支撑推动人工智能科技成果转化的生态环境。总体来讲，相关管理部门应该有所为有所不为，切实加强引导、做好服务。

人工智能科技成果转化改革步入深水区，未来的关键在于充分发挥市场在资源配置中的决定性作用，疏通人工智能技术和市场协同创新网络中的现实堵点。唯有形成一个高效的人工智能科技成果转化生态系统，才能提供高质量科技供给，打通从科技强到产业强、经济强、国家强的通道，支撑现代化经济体系建设，把更多人工智能科技成果应用到经济社会发展的主战场。

（二）推动高校、科研院所设立人工智能技术转移部门

鼓励和引导有条件的高校、科研院所设立专业化的人工智能科技成果转移转化办公室、人工智能技术转移中心等部门，或者设立高校、科研院所全资拥有的人工智能技术转移公司、人工智能知识产权管理公司等，建立专业化的人工智能技术转移部门，促进高校、科研院所的人工智能技术转移部门与市场化的第三方技术转移机构在信息、人才、孵化空间、技术转移平台载体等方面的共享、共建力度。

人工智能技术转移部门要明确统筹人工智能科技成果转化与知识产权管理的职责，制定市场化的运行机制和标准化的管理规范，建立人工智能技术转移全流程的管理标准和内部风险防控制度。在符合人工智能科技成果转化权属相关法律和政策的前提下，高校、科研院所应当赋予人工智能技术转移部门管理和转化科技成果的权利，授权人工智能技术转移部门代表高校、科研院所和科研人员与需求方进行人工智能科技成果转化谈判等相关工作。

人工智能技术转移部门应当深入人工智能企业进行调研，加强市场需求研究，以社会生产生活需要为人工智能科技研发的导向，加强与龙头企业在人才、技术方面的合作，让人工智能科技管理工作与市场状况紧密结合，进而提高人工智能科研工作和科研成果的应用价值。

人工智能技术转移部门应当梳理本单位的科技成果资源，发布人工智能科技成果目录，建立面向企业的人工智能技术服务网络，推动人工智能科技成果与产业、企业需求有效对接，形成集对接市场需求、促进成果交易、投融资服务等于一体的人工智能科技成果转移转化服务体系。

在部分高校、科研院所试点探索人工智能科技成果转化的有效机制与模式，建立职务科技成果披露与管理制度，实行技术经理人市场化聘用制，建设一批运营机制灵活、专业人才集聚、服务能力突出、具有国际影响力的高校、科研院所人工智能技术转移部门。

（三）搭建科技成果转化中介机构服务平台

人工智能科技成果转化中介服务，是打通人工智能技术研发与人工智能科技成果转化市场“中梗阻”的关键性举措，因此应持续提升人工智能科技成果转化中介机构的服务能力和水平。

加大人工智能科技成果转化中介机构的培育力度。按照社会化、市场化、专业

化方向，加快培育壮大人工智能科技成果转化中介机构，充分发挥中介机构在人工智能技术转移引进、成果转化、项目组织、成果评价等环节的重要作用。

建立人工智能科技成果转化中介机构服务平台。把平台打造成聚集人工智能科技资源、开展人工智能科技创新、服务人工智能科技成果转化、促进人工智能产业发展、培育创新服务团队的重要载体，不断完善平台的服务功能。

提高人工智能科技成果转化中介机构的信息服务能力。以信息平台建设为依托，着力解决人工智能科技成果评价及人工智能科技成果转化过程中的信息不通畅、信息碎片化问题。突出人工智能科技成果转化中介机构的成果认定、知识产权交易、投融资和法律咨询代理等专业能力，重建和规范行业服务标准。

发挥各大人工智能科技成果转化中介机构的集聚效应。要充分发挥人工智能科技成果评价及转移方面的龙头企业和行业协会的作用，联动科技、经信、财税和商务等部门，创新成果托管、技术招标和挂牌交易等方式方法，强化人工智能科技成果评价及人工智能科技成果转化的市场引导。

三、配套服务：加快完善知识产权保护服务

随着我国人工智能政策的不断推动，人工智能技术的商业化进程开始加快。在人工智能技术的研发和应用过程中，人工智能企业将面临如何提高知识产权创造、运用、保护及维权能力，如何建立与企业发展相匹配的知识产权管理机制，如何建立行之有效的知识产权风险防控流程，如何应对域内外日益趋紧的知识产权与数据合规体系等问题。

关于人工智能的知识产权保护，目前社会关注的重点主要是人工智能能否成为创作者、人工智能完成的作品和发明创造能否产生新的知识产权，以及权利和责任归属问题，具体表现为以下几个方面。

一是人工智能创造物的权利主体问题。人工智能技术本身是否具有可专利性？人工智能创造物是否具有可专利性或可版权性？

二是人工智能侵权时的责任主体问题。当人工智能出现侵犯他人专利权、著作权、商标权的行为时，责任主体是人工智能本身还是人工智能的开发者、拥有者、操纵者或训练者？谁是直接侵权者？谁是间接侵权者？

三是人工智能的算法技术需要借助大量的数据，在数据的获取和使用过程中，人工智能可能会带来不正当竞争、侵犯个人隐私等侵权问题。

随着我国人工智能创新实力的不断增强，知识产权已成为引领人工智能技术高质量发展的关键要素之一。因此，为了人工智能的可持续发展，必须加快完善知识产权保护服务，具体措施有以下几个方面。

（一）加强人工智能知识产权保护的顶层设计

作为一项面向未来的新技术，我国目前尚未有人工智能知识产权方面的立法。为了充分调动广大科技工作者的研发热情，进而突破人工智能技术难题，必须全面加强人工智能知识产权保护工作。

中共中央、国务院印发的《知识产权强国建设纲要（2021—2035 年）》明确提出，在构建门类齐全、结构严密、内外协调的法律体系方面，包括加快大数据、人工智能、基因技术等新领域新业态的知识产权立法；在构建响应及时、保护合理的新兴领域和特定领域知识产权规则体系方面，包括建立健全新技术、新产业、新业态、新模式的知识产权保护规则，完善开源知识产权和法律体系，研究完善算法、商业方法、人工智能产出物的知识产权保护规则。

总之，我国国家知识产权局等相关部门应该做好人工智能领域知识产权保护的顶层设计，全面加强人工智能知识产权保护，研究制定人工智能等新领域、新业态的知识产权保护规则，完善人工智能等新领域、新业态的知识产权立法，落实人工智能知识产权侵权惩罚性赔偿，推动人工智能领域知识产权保护迈上新台阶。

（二）成立人工智能产业知识产权服务联盟

随着人工智能技术的不断成熟，知识产权领域的争端时有发生。加强人工智能领域的知识产权保护是人工智能技术应用和产业化发展的关键。人工智能产业知识产权服务联盟的成立将为人工智能行业的科技创新提供有力支撑。

近年来，在国家知识产权局的推动下，我国各省市开始积极汇集人工智能领域的龙头企业、知识产权服务机构、律所和金融机构、高校和科研院所等，成立人工智能产业知识产权服务联盟。

人工智能产业知识产权服务联盟以专利为纽带，以专利协同运用为基础，围绕人工智能产业领域“构建专利池、高价值专利培育、侵权风险机制、知识产权与技术标准”等方面开展各项工作，维护产业整体利益，为相关产业的创新创业提供专业化知识产权服务，推动人工智能产业发展。

人工智能产业知识产权服务联盟致力于增强联盟成员间的交流合作，为会员企业提供专利服务，在人工智能产业关键领域推动相关高校、科研院所和产业上下游企业的联系与合作，建立创新前端充分对接、过程紧密结合、后续知识产权保护的产学研合作机制。此外，人工智能产业知识产权服务联盟积极搭建人工智能产业专利池，根据产业需要，联合进行多类别、多地域、多层级、多用途的知识产权布局，全面覆盖和有效保护产业创新成果和成员单位的合法权益。

目前，部分省份和区域已经开始重视并逐渐成立人工智能产业知识产权服务联盟。例如，浙江省人工智能产业知识产权联盟由浙江省知识产权保护中心发起成立，其首批成员单位共 43 家，涵盖省内人工智能产业龙头企业、知名院校、公益服务机构、金融服务机构等多个行业领域。

浙江省人工智能产业知识产权联盟立足人工智能产业，以知识产权为纽带，以专利创造、保护、应用为基础，建立常态化的专业部门和服务支持机制，为维护产业利益、保障知识产权健康和有序发展提供专业化知识产权服务。

浙江省人工智能产业知识产权联盟能为中小微企业提供转型升级、发展战略与创新创业方面的咨询服务，中小企业加入联盟能有效提升其市场地位、获得新资源或新能力，同时提高企业效率。浙江省人工智能产业知识产权联盟的成立有利于加强成员单位、企业间的合作、资源共享，促进浙江省人工智能产业知识产权事业的发展，推动知识产权强省建设。

又如，长三角地区人工智能产业知识产权联盟围绕建言献策、产业赋能、培育生态等方面，推动人工智能与知识产权深度融合，打造示范创新应用，开放人工智能核心技术平台，培育人工智能产业链。

长三角地区人工智能产业知识产权联盟致力于搭建长三角地区的人工智能企业交流合作平台、人工智能知识产权资源共享平台、知识产权人才培育平台、人工智能产业专利池运营平台、人工智能产业专利导航服务基地等，推动共享人工智能产业前沿资讯，共享产业资源、专家资源、IP 创新数据，打造一批专利密集型产品和企业，储备人工智能领域的关键核心技术资产，构建联盟专利技术壁垒，有针对性地收储人工智能细分领域的关键技术专利资产，进行持续深度运营。

（三）建设人工智能产业知识产权运营中心

人工智能技术是新一轮科技革命和产业变革的核心驱动力及引领未来发展的关键技术。建设人工智能产业知识产权运营中心是以知识产权运营推动人工智能产业高质量发展的具体举措。

近年来，人工智能行业的初创企业不断增加，其成长速度也不断加快。由于资金有限，很多新兴企业很少能在自主知识产权保护方面提前布局。因此，国家知识产权局鼓励具备知识产权建设基础的企业发挥自身优势，瞄准人工智能新技术、新业态和新模式，提升根植产业的知识产权专业服务能力，提高知识产权自主创新水平，积极申报人工智能产业知识产权运营中心，推动构建良好的人工智能知识产权运营生态，为产业知识产权转移转化发挥积极作用，促进我国人工智能产业迈向全球价值链中高端。

国家知识产权局将加强对人工智能产业知识产权运营中心建设与运行的政策支持、业务指导和日常监管，确保规范高效运行，并及时梳理总结建设经验和运行模式。国家知识产权局在政策协调、人才培养和专家资源等方面予以支持，对建设工作进行跟踪指导和绩效评价，适时复制推广行之有效的经验与模式。

人工智能产业知识产权运营中心的建设不仅有利于人工智能技术和知识产权的发展，也是助推人工智能产业可持续高质量发展的具体举措。人工智能产业知识产权运营中心将会作为一个重要窗口，方便人工智能企业了解知识产权的保护措施等，协助人工智能企业进行专利布局，增强市场竞争力，建设知识产权强企，为企业提供便利的资源保障和强有力的技术支持，从而充分显现知识产权对我国人工智能产业创新发展的驱动作用，促进人工智能技术在各行各业的应用落地。

近年来，国家知识产权局积极推动人工智能产业知识产权运营中心的建设。例如，杭州未来科技城围绕知识产权创造、运用、保护、管理和服务全链条，集聚政府、企业、科研机构和中介组织等多元主体，创新构建知识产权运营服务体系，推动企业创新活力持续释放。因此，国家知识产权局支持杭州未来科技城建设全国首批聚焦人工智能产业、以知识产权全链条运营为目标的国家级产业运营中心——浙江人工智能产业知识产权运营中心。

杭州未来科技城一直将人工智能产业作为重要发展方向，集聚了之江实验室、良渚实验室、湖畔实验室三大省级实验室，梦想小镇、人工智能小镇、5G 创新园等重大产业平台，以及 vivo 全球 AI 总部等众多人工智能产业相关创新载体。

同时，杭州未来科技城还不断完善创新创业生态，将知识产权作为提高区域创新竞争力、优化创新创业生态的重要抓手。杭州未来科技城的人工智能产业基础与知识产权建设基础为人工智能产业知识产权运营中心的建设提供了重要支撑。

浙江人工智能产业知识产权运营中心通过对接人工智能产业龙头企业、专家学者搭建人工智能联盟与专家库的形式，为更多企业提供智力支持，完善服务支持。众多科技型中小企业可以借助运营中心推进知识产权证券化，促进知识产权市场化运营，从而有效助力企业创新发展。

浙江人工智能产业知识产权运营中心将大力提升知识产权专业服务能力，推动杭州未来科技城企业知识产权资产价值的有效发挥，加速人工智能产业高价值专利项目的创造产出和产业化应用，打造独具特色的人工智能领域知识产权运营模式。

杭州未来科技城将以多要素融合、立足产业发展、全链条打通为基本原则，将浙江人工智能产业知识产权运营中心打造成“知识产权+产业+资本+机构+人才”一体化融合发展的国家级人工智能产业知识产权运营中心，助推技术、资本、人才、知识等创新要素加速流动、精准对接，着力提升人工智能领域的知识产权创造质量、运用效益和服务水平，赋能杭州未来科技城乃至浙江全省产业转型升级和经济高质量发展。

四、适销对路：坚持以人为本的产品研发理念

人工智能产品作为提高人们工作和生活效率的工具，自然应该朝着精益求精的方向发展。但在这个服务至上的时代，更为重要的是人工智能产品应以人为本、服务于人，更加注重用户的体验和个性化需求的满足。

可见，人工智能产品的智能化和人性化将成为市场竞争的关键。人工智能企业在发展人工智能技术的同时，应坚持以人为本的研发理念，从人的基本需求和福祉出发，真正关注人的全面发展，而不是仅仅关注“机器换人”。

（一）人工智能适老化设计

根据第七次全国人口普查结果，我国 60 岁及以上人口超过 2.6 亿人，占 18.70%，其中，65 岁及以上人口超过 1.9 亿人，占 13.50%，12 个省份的 65 岁及以上老年人口比重超过 14%。可见，我国已经进入深度老龄化阶段，老年人口数据庞大。当前，

养老问题受到人们的普遍关注，人工智能适老化发展也成为社会的热点话题。

然而，人工智能企业在人工智能技术和新产品的研发、推广等各环节中，多数以年轻用户为核心，这在一定程度上忽视了老年群体的需求，加剧了老年人融入数字生活和智能社会的难度。此外，我国智能化产品适老程度参差不齐，软硬件产品适老化改造不同步、不匹配，严重影响老年人对智能产品的使用体验。因此，实现智能产品的适老化发展正成为我国人工智能产业发展中的一个重要方面，关乎人工智能产业是否能持续发展。

为了鼓励人工智能企业研发更多的适老化产品，国家出台了一系列相关政策。2020 年 11 月，《国务院办公厅印发关于切实解决老年人运用智能技术困难实施方案的通知》提出，到 2021 年年底前，围绕老年人出行、就医、消费、文娱、办事等高频事项和服务场景，推动老年人享受智能化服务更加普遍；到 2022 年年底前，老年人享受智能化服务水平显著提升、便捷性不断提高，线上线下服务更加高效协同，解决老年人面临的“数字鸿沟”问题的长效机制基本建立。这一实施方案的出台，促使智能产品开始关注老年人的需求，进而帮助老年人跨越“数字鸿沟”。

为了着力解决老年人、残疾人等特殊群体在使用互联网等智能技术时遇到的困难，工业和信息化部决定在全国范围内组织开展为期一年的互联网应用适老化及无障碍改造专项行动。2020 年 12 月，《工业和信息化部关于印发互联网应用适老化及无障碍改造专项行动方案的通知》明确提出，针对老年人推出更多具有大字体、大图标、高对比度文字等功能特点的产品；鼓励更多企业推出界面简单、操作方便的界面模式，实现一键操作、文本输入提示等多种无障碍功能；提升方言识别能力，方便不会讲普通话的老年人使用智能设备。

随着国家政策的出台和全社会的持续重视、适老化需求的进一步爆发及适老化趋势的不断发展，各大人工智能企业在充分了解老年人的真实需求之后，纷纷加快对人工智能产品的适老化改造，积极推动智能产品走向老年人群、服务全体人群。

由于老年人语言表达能力下降，人工智能企业采用智能语音技术，让机器可以听懂各地的方言，实现便捷的交互；采用自然语言理解技术，让机器能够识别老年人的沟通意图等。由于老年人独居人数日益增加，人工智能企业研发智能手环、红外设备和水电气数据记录仪等一系列智能设备，让机器自动感知老年人的身体状况及居家情况；开发智能服务平台，让机器可以及时接收老年人的求助信息并触发平台 SOS 预警应对方案等。

例如，科大讯飞针对老年用户的实际需求，大力发挥企业技术优势，提出：科技适老，做更有温度的人工智能，用过硬技术和贴心服务，帮助老年人适应数字化发展，更好地享受数字生活。

在“人性化”产品研发理念的指引下，科大讯飞研发了具备“长辈模式”的讯飞输入法。该输入法基于科大讯飞的智能语音技术，聚焦老年人看不清字、打字速度慢等问题，推出大字体界面、高识别率手写和语音输入、语音播报等功能。

此外，科大讯飞打造了独特的语音输入功能，即在“长辈模式”下支持 23 种方言的语音识别（见图 8-2），能够同时满足不会打字和不会讲普通话的老年人的聊天需求。该输入法能满足老年人群的应用需求。科大讯飞输入法的“长辈模式”有效地满足了老年人在不同场景下快速顺畅的表达需求，在短短几个月时间里，已经收获了 100 万老年人的使用和认可。

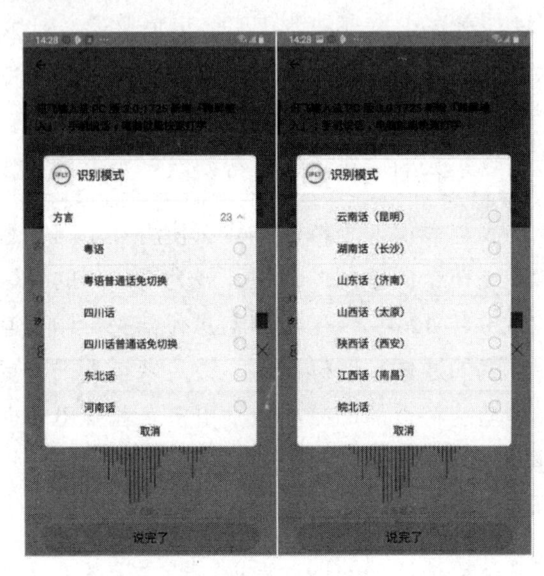

图 8-2 “长辈模式”支持方言语音识别

科大讯飞在产品设计层面以老年人需求为本，对智能终端产品进行适老化改造，帮助老年用户群体使用手机时迈过听觉、视觉弱化的门槛，切实解决老年人在运用智能技术方面遇到的突出困难。

（二）人工智能适童化设计

除老年人外，少年儿童更是全社会关注的一个焦点。如今，家长们越来越重视教育，尤其是少年儿童的早期教育。然而，成年人的工作生活节奏加快，大部分人缺乏充足的时间对孩子进行教育和陪伴。针对这一社会问题，小米、百度、腾讯等科技公司开始投身儿童智能产品的研发，儿童智能产品层出不穷，但最符合用户需求的智能产品必定是从硬件到软件均具备人性化体验的产品。

真正适合儿童的人工智能产品要具备让儿童易于接受的人性化外形设计和保护儿童视力的高清显示屏；要贴近儿童的内心情感需求，支持人脸跟随、情感化表情等更个性化、人性化的人机交互体验，实现与儿童较为逼真的情感交流互动；要能为儿童严格筛选专业系统化的教育内容，帮助儿童潜移默化地形成自己的学习习惯，使其慢慢学会自主学习，从而做到以用户体验为出发点，促进儿童健康成长。

第九章
人才培育：人工智能科教基础建设

人才兴，则事业兴。人才是支撑科技和产业发展的核心关键要素，是创新的第一资源，是促进产业升级、推动高质量发展的重要支撑。人工智能产业作为当今世界上技术密集度较高的产业，各国对人工智能产业发展所需的人才求贤若渴。那么，在新基建的背景下，应该培育什么样的人才呢？

一、必要性：智能时代的呼唤

二、新风口：专业发展的“香饽饽”

三、“人”不足：人工智能“基建”的短板

四、未来可期：多元主体的“实招”

目前，新基建已进入全面铺开落地的阶段，国家层面和地方政府纷纷推出扶持政策及各种规划，大型科技企业也进一步加大了在新基建领域的投入。作为新基建重要领域之一的人工智能发展前景广阔，将在新基建的进程中释放更大的能量，一场全新的科技革命“蓄势待发”。在此背景下，我们需要什么样的人才及该如何做好科教基础建设，才能促进人工智能技术释放更多的精彩呢？

一、必要性：智能时代的呼唤

人工智能是当今世界最前沿的科技之一，与人们的生产生活息息相关，具有极高的附加值。人工智能作为新基建的重要领域之一，主要建设方向包括人工智能芯片底层硬件发展、通用智能计算平台搭建等。人工智能正成为当今世界炙手可热的产业新生态，未来人工智能领域将是全球科技创新和产业发展的主要舞台。

人才兴，则事业兴。人才是支撑科技和产业发展的核心关键要素，人工智能产业作为当今世界上技术密集度较高的产业之一，各国对人工智能产业发展所需的人才求贤若渴。目前，世界主要经济体国家都聚焦人才对人工智能发展的基础性作用，高度重视对未来人才的培养，基本上都已提出了相关的人工智能产业政策。各种产业政策和规划大多都对人工智能人才的培养进行了部署，人工智能人才培养已经被放到了一个新的高度。例如，美国为了维持其在人工智能领域的领导地位，强调重视全球性人才，包括对国内人才的培养和对国际人才的吸引，认为需要简化相关国际人才的签证程序。

在人工智能这场抢占技术制高点的竞争中，我国的优势在于扎实的技术基础、丰富的应用场景和海量的数据信息。然而，相比人工智能强国，我国在基础核心技术和高素质人才方面还存在一定的差距。特别是与美国相比，我国在人工智能人才培养方面还比较落后，无论是在高校研究者的数量方面还是在研究成果方面，都有较大的差距。例如，对 20 所高校中的顶级学者数量进行比较发现，美国占 68%，中国占 24%；对于人工智能行业的从业人数，美国是中国的 2 倍。

此外，人工智能需要的人才，并非仅在高校完成学业就可以直接上岗并能给社会及企业带来效益。人工智能人才培养是一项复杂性、长期性、系统性的工作，目前在教育、实践、认证等环节还未形成系统的培养体系，并且因与实践结合紧密，人工智能工作在实际场景中对人才的需求相对立体化和多样化。因此，很多人工智能相关专业的学生，从毕业到在工作中发挥实际作用、能够“挑大梁”，依然有很长的路要走。

当前，一场围绕人工智能人才的争夺战正在全球范围悄然展开。我国人工智能产业正处在培育和发展的关键时期，对人工智能领域专业人才的需求更为迫切，更需要聚集更多掌握人工智能核心技术的顶尖人才以发挥引领作用。

因此，在新基建的背景下，能否抓住新时代的变革机遇，关键看人才，尤其是高素质人才。对于人工智能领域更是如此，只有做好科教领域的基础建设，加快人才培养的步伐，才能适应人工智能产业快速发展的需要。

二、新风口：专业发展的“香饽饽”

智能时代正向我们大踏步走来。随着新基建为各行业提供新的信息基础设施，各行业的企业投资到位、战略布局落地，大量工作机会将被释放，而且除了新基建现有相关职位需求，还有很多融合产业，“新基建+”模式将产生大量新业态、新职业。在人工智能新基建领域同样如此。当今，产业的智能化、数字化带来经济变革、产业转型与人们思维的转换，由此改变了人们的生产方式、生活方式、消费方式和娱乐方式，也潜移默化地影响了教育行业和无数学子的选择，鼓励着每个人搭乘智能时代技术发展的快车。

以人工智能为代表的科学技术，正在一步步推动各行各业的持续升级和全方位创新；人工智能的力量正在逐步渗透社会经济生活的各层面。第三次人工智能热潮的兴起，使得全球都面临人工智能人才培养的问题。

从教育部门和学校方面来看，在国外，麻省理工学院于 2018 年 10 月 15 日成立了苏世民计算学院，卡内基·梅隆大学于 2018 年秋季学期正式开设了全球第一个人工智能本科专业；在国内，2003 年，北京大学创办了我国第一个智能科学技术专业。2019 年、2020 年和 2021 年，开设人工智能本科专业的高校分别有 35 所、180 所和 215 所，由此可见，国家对该学科的建设与人才培养相当重视。南京大学、西安交通大学、西安电子科技大学等高校先后发布了人工智能专业相关的培养方案。[①]这些人才培养方案各有特点，为其他高校人工智能专业建设提供了参考和帮助。

从学生专业选择方面来看，近年来，在政府推动、高校行动及新基建的背景下，

① 焦李成，李阳阳，侯彪，等. 人工智能学院本硕博培养体系[M]. 北京：清华大学出版社，2019：17-24.

“人工智能”成为一大热词，经常引发人们的大量关注。对于该领域人才的需求与争夺，更使得报考人工智能专业的考生数量大增。人工智能专业的人才培养贴合技能需求，就当前的就业形势而言，无疑是最为抢手的一类“香饽饽”。

《百度 2020 年高考搜索大数据报告》显示，新冠肺炎疫情为 2020 年高考带来很多不确定性，也带动“高考”相关内容的搜索热度创下近五年新高。在未来专业方向的选择上，人工智能、机器人工程、物联网工程等新兴专业登榜 2020 年十大热搜专业（见图 9-1）。其中，人工智能位列榜首，成为名副其实的“地表最受青睐专业”。

图 9-1　2020 年十大热搜专业

资料来源：《百度 2020 年高考搜索大数据报告》。

随着新基建进入全面铺开落地阶段，人工智能人才缺口更加显现，人工智能人才在就业市场上非常抢手。对于有志于选择人工智能专业的学生来说，其既需要在学校获得“理论知识”，也需要“实践技能”的淬炼。面对新基建及产业智能化升级的迫切需求，集理论知识与实践技能于一体的人工智能人才必然供不应求。

人工智能是全球主要发达国家增强国际科技竞争力与掌握主导权的关键性技术，人工智能水平的高低将影响一个国家能否在世界新一轮科技革命中占据重要地位。担负培养人才重任的教育显得格外重要。“若不够重视人工智能人才培养，中国将无法在2030年占领人工智能的高地。”[①]

然而，如今我国虽然已经有了一定数量的开设人工智能专业的高校，却并不意味着考生随意择取其一就一定能换来光明的未来。当前，我国高校人工智能专业的实力参差不齐，层级差别比较明显。清华大学、北京大学、复旦大学等高校基本上能够获得更多的国家及公共资源的支持，因此在人才培养上效果显著。

但是，一些高校因科研资源、师资力量相对有限，即使在本科阶段开设人工智能专业，培养效果也不太理想，不少学生会感觉迷茫，甚至毕业时无法在人工智能就业市场上成功“落地”，只能从事与人工智能无关的职业。

从总体上来看，在新基建的催化作用下，人工智能人才就业的形势和前景依旧非常乐观。无论是教育行业、医疗行业，还是人们的日常出行、家居生活、工作学习等，都被人工智能潜移默化地改变着，并且为人们的就业发展提供更多的可能。人工智能领域的人才缺口早已达到数百万人，并还在不断上涨；巨大的社会需求使人工智能专业学生的就业前景“未来可期”。

据报道，到2025年，中国人工智能人才缺口将达到1000万人，人才的缺口严重制约了人工智能技术的研发突破和在各行各业的落地实践。许多公司为人工智能岗位开出高薪，但依然“一才难求”。全球人才数据显示，全球对人工智能人才的需求3年增加了8倍。

三、“人”不足：人工智能“基建”的短板

2020年6月23日，在第四届世界智能大会上，工业和信息化部人才交流中心正式发布《人工智能产业人才发展报告（2019—2020年版）》。报告中指出，我国人工智能人才储备不足且培养机制不完善，人才供需比严重不平衡，预计当前我国人工智能产业内有效人才缺口达30万人[②]。

同样，根据《中国集成电路产业人才白皮书》，预计到2022年，芯片专业人才缺口将超过25万人，而到2025年，这一缺口则将扩大至30万人。不断加强人才培养、补齐人才短板成为当务之急。人工智能在人才建设方面的问题，主要体现在以

---

① 张盖伦. 智能社会，正在提出教育之问[N]. 科技日报. 2017-12-25(03).

② 搜狐. 人工智能产业人才发展报告（2019—2020 年版）[EB/OL].（2020-07-06）[2021-04-13]. https://www.sohu.com/a/405939230_781358.

下几个方面。

首先，学科建设方面。我国人工智能产业人才供给严重不足的主要原因可归为相关研究起步晚、产业沉淀不足等。我国人工智能研究始于20世纪80年代，但由于基础相对较弱、参与研究的科研机构和高校数量有限，人才无法实现规模化培养和输出，导致我国人工智能产业人才资源先天不足。2017年后，以人工智能学院、人工智能专业为代表的人工智能专项人才培养在全国快速展开。

但是，我国当前依然处于人才培养方式的初期探索阶段，人工智能产业人才的培养速度依然较慢，且研究领域集中在模式识别、自然语言理解、专家系统和机器人方面，而行业内部自发的人才培养还没有成体系发展，由此现阶段我国学校和产业两个端口的高质量人才供给水平仍然很低。

另外，我国高校人工智能相关学科建设和人才培养与发达国家相比仍有较大差距，主要表现在高层次领军人才、创新团队和跨学科创新平台不足，学科建设缺乏深度交叉融合，基础理论、原创算法、高端芯片等方面突破较少，复合型人才培养导向性不强等方面。例如，近些年，随着人工智能专业的持续火热，一些高校机械地把如计算机、通信、自动化等专业简单合并，成立所谓的“人工智能”专业，这显然对人工智能人才培养的作用有限。

同时，目前，我国人工智能专业的研究生招生规模十分有限，国内后备人才储备相对不足。而在美国综合排名前300的大学中，有201所开设了172种计算机科学研究生专业，其中人工智能专业成为学生选择的主要方向和最大热门。除此之外，美国已经在高中阶段开设了人工智能方面的课程，而我国在高中教育阶段较少开设与人工智能相关的课程[①]。与美国等发达国家的人工智能学科建设相比较，我国现阶段高校人工智能专业相关的师资、课程依然不够完善。

其次，人才适用性方面。人工智能产业人才培养难以快速适应和匹配产业发展的节奏。在我国现有科研体制下，国内高校和科研院所的科研人员多偏重于理论研究，与当前产业发展和企业的需求有一定的“脱轨”，产学研用的配合度不高，造成一定程度的重复劳动和科研资源浪费等现象。

从高校方面讲，高校是承担人工智能人才培养任务的主力军，但当前我国人工智能产业人才规模化、体系化培养刚刚起步，高校在过去一段时间培养的人才无法直接满足人工智能产业的实际需求。从企业方面讲，知识密集、多学科交叉等特性

① 白云朴. 我国新一代人工智能发展的人才现状及其对策建议[J].互联网天地，2018（3）：26-30.

为人工智能产业设立了较高的人才准入门槛，企业对人才的岗位能力有着较高的要求，而应届毕业生往往缺少人工智能方面的实践经验，很难直接匹配企业的用人需求。根据企业调研结果反馈，应届毕业生在岗培养普遍需要一年以上的时间，这导致绝大多数的人工智能企业，特别是初创型企业缺乏人力、财力去培养毕业生，直接降低了企业对应届毕业生的需求程度。

再次，人才制度激励方面。人才制度及政策创新是保障国家人工智能发展所需人才的基础前提。2017 年 7 月，《新一代人工智能发展规划》发布，我国将人工智能作为国家重点发展和培育的产业方向之一。但是，目前我国在人工智能领域的人才制度及政策创新力度还不够，有关部门还需要根据中国人工智能发展的实际需要，做出相应的人才政策调整，或者对人工智能人才发展的布局进行优化。

另外，在中国人工智能领域，依靠人才制度和政策创新为企业发展提供优质人工智能人才的基本机制还不顺畅。这表现为以下两个方面。一是复合型的人工智能专业人才相对较少。“人工智能领域与各行业的深度融合有赖于复合型交叉学科的人才培养，但部分学校人工智能相关或相近的专业由于跨学科支撑不够、学时限制等原因，其毕业生专业知识相对单一，与传统计算机专业的毕业生区分度不大，未能满足社会对人工智能复合型人才的需求。”①

二是人才结构不均衡。不同岗位类型的人才结构失衡，多数人才集中在应用开发岗位，而真正有大量需求的实用技能岗位供给不足，此类岗位对人才的吸引力有限；不同技术方向的人才结构也有失衡问题，相关人才在职业选择时容易受舆论影响，追逐市场热点，而忽视自身定位与能力，导致在不同技术方向上与企业需求不吻合的现象。

例如，在人工智能技术方向的选择方面，由于“机器学习”“深度学习”等关键词被媒体曝光的频率高，舆论场议论也较多，在一定程度上“引导”了人才供给向机器学习方向聚集；而同样有着较高需求程度的计算机视觉相关岗位却面临人才供给相对不足的问题。这些问题都需要通过人才制度激励和创新政策包括宣传的引导才能逐步解决。

最后，人工智能人才引进方面。对顶尖人工智能人才的引进工作在一定程度上会影响未来我国人工智能产业发展的先发优势。全球顶尖的人工智能人才主要分布在以卡耐基·隆大学、斯坦福大学为代表的高校。近年来，美国、德国、日本等国家的众多互联网及科技企业对人工智能顶尖人才的争夺已经到了白热化阶段，如谷

① 刘永， 胡钦晓.论人工智能教育的未来发展：基于学科建设的视角[J].中国电化教育，2020（2）：37-42.

歌、苹果、微软等公司开始投入重金招揽世界顶尖人工智能人才，并组建了与人工智能研究相关的科研平台和研究团队，在某些领域已经展开了较为深入的研究，取得了较为先进的成果。

近年来，国内一些互联网公司也开始不惜重金从海外引进顶尖的人工智能人才。例如，百度早在 2011 年便开始在硅谷设立研发机构，吸纳来自世界各国家的人才共同研究前沿科技。2014 年，百度在硅谷腹地建立了第一个研发中心，关注人工智能和数据中心的研究。2017 年，百度硅谷第二个研发中心正式运营，致力于在全球范围内招募人工智能和自动驾驶领域的人才，继续专注于人工智能和数据中心的前瞻性研究。

2020 年 1 月初，2020 年度人工智能全球最具影响力学者榜单（简称 AI 2000 榜单）在清华大学发布，中国的学者规模位列世界第二，但高水平学者集中的研究机构匮乏，人工智能领域的人才队伍亟待加强。AI 2000 榜单中的人工智能全球最具影响力学者（200 名）和提名学者（1800 名）分布于全球不同高校和学术机构，美国有 1128 人次上榜，中国有 171 人次上榜，欧盟有 307 人次上榜。其中，从这个榜单看，我国企业在人工智能专业人才的培养和引进力度方面与国外优势企业还有一定的差距，我们要尽快弥补这些短板。

四、未来可期：多元主体的“实招”

人工智能作为新一轮产业变革的驱动力量，是引领未来的前沿性、战略性技术。新基建将推动人工智能迈向新的发展阶段，同时对人工智能高素质人才的培养提出了新要求。在新时代，要建立政府、学校和企业的联合协调机制，形成科教结合、产学融合、校企合作、校地协同的人工智能人才培养合力。

首先，强化顶层设计。在国家层面，我国越来越重视人工智能人才的培养，出台了相关政策，为地方执行及制定细则指明了方向。

2020 年 2 月，教育部、国家发展和改革委员会、财政部印发《关于“双一流”建设高校促进学科融合 加快人工智能领域研究生培养的若干意见》，明确要求扩大研究生培养规模，并将人工智能纳入“国家关键领域急需高层次人才培养专项招生计划”的支持范围。

2020 年 3 月，科技部等部门印发的《加强“从 0 到 1”基础研究工作方案》

提出，建立健全基础研究人才培养机制，加快培养一批在国际前沿领域具有较大影响力的领军人才，赋予领军人才技术路线决策权、项目经费调剂权、创新团队组建权。

2020年8月，人社部组织实施的人才服务专项行动明确提出，要围绕人工智能、大数据、区块链等新领域，研究开发专业技术类新职业标准，依托国家级继续教育基地，开展新职业专业技术人才研修培训，充分尊重人才成长规律，围绕产业链打造人才链，加强“高精尖缺”、交叉技能型人才培养，以新人才高峰引领新基建高峰。

在省级层面，相关省（直辖市、自治区）根据国家人工智能方面的有关政策，出台了促进人工智能人才发展的措施。例如，在2017年国务院发布《新一代人工智能发展规划》后，浙江省作为首个出台五年产业规划的省份，为了引进人工智能高素质人才，于2018年专门制定了《浙江省加快集聚人工智能人才十二条政策》，旨在五年内集聚50位国际顶尖人工智能人才、500位科技创业人才、1000位高端研发人才、10000名工程技术人员和10万名技术人才。同时，浙江省还设立了40亿元的人工智能人才产业发展母基金。

鉴于人工智能新基建的大背景，各地区要针对人工智能人才的实际情况，统揽全局，统筹各层次和各要素，加快制定或完善专门支持人工智能新基建人才培养的政策，特别是人工智能产业发展和人才培养方面的政策，以国家及各省份的相关人才工程、计划为依托，围绕“构建基础理论人才和‘人工智能+X’复合型人才并重的培养体系”，重点培养人工智能领域的紧缺专业人才、创新型科技人才、创业领军人才及经济管理人才，实现我国从制造大国向制造强国的转变。

其次，完善产学研用体系建设。完善的产学研用体系对促进我国人工智能新基建的发展壮大具有重要作用。从政府方面来讲，面对人工智能产业链跨学科和跨技术的融合态势，政府部门应拿出“实招”，整合人才培育和人才引进的多方优势，探索以企业为中心、以市场为导向、产学研用相结合的技术创新体系，建立政府、学校和企业的联合协调机制，明确各自的职责和任务，形成人才培养合力，缩短从“学”到“产”“用”的人才成长期，推动人才培养与社会需求深度对接，将基础理论研究人才培养和应用型人才培养融为一体，尽快补齐新基建人力资源缺口和短板，培养人工智能新基建过程中急需的专门化、复合型人才。

教育是为未来生活做准备的，因此，如今的教育还应该着眼于“通才教育”领域，积极借助人工智能技术，开展人工智能时代的新文科教育与新工科教育，在立足现实生活的前提下，超前布局未来人才市场，并形成一个开放且包容的教育体系

（见图 9-2）[①]。

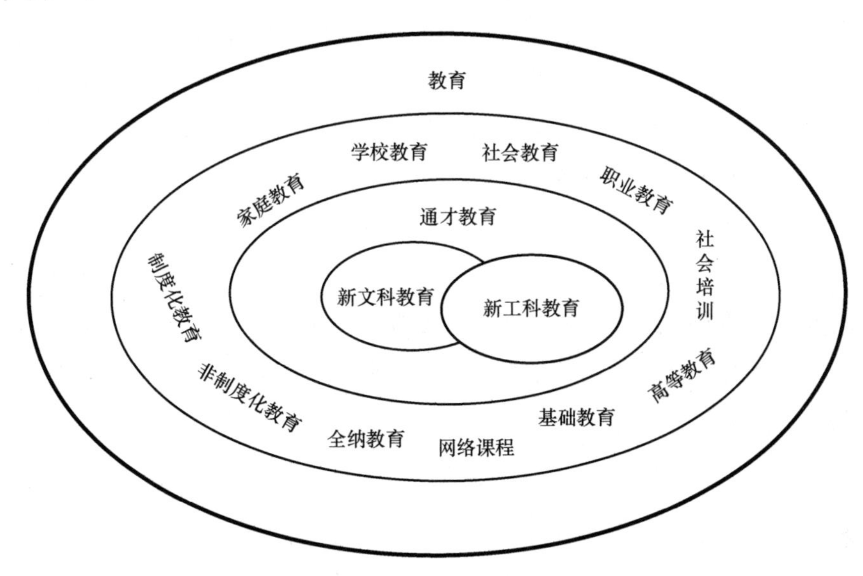

图 9-2　开放且包容的教育体系

从教育方面来讲，人工智能新基建的战略任务必然由教育来支撑，这是新基建机遇下教育的重要使命。“人工智能教育是最美‘新基建’。人工智能知识会变得像空气和水一样，润泽新一代人，让他们对未来的世界拥有更多想象与话语权。从现在起，让新一代学子都能不费力地接受人工智能教育，在通往智能新时代的道路上，他们就是中国的智造力。”[②]

近年来，国内许多省份如上海、河南、广州、重庆、甘肃等已经将人工智能编程课纳入课程表，积极响应和落实《新一代人工智能发展规划》等政策的号召，设置人工智能相关课程，积极普及和推动人工智能教育课程进入中小学课堂。

而作为人工智能人才的重要培养基地，高校应该围绕人工智能新基建的需求，加强在专业素养、技术开发、综合管理等多方面的优势，及时主动调整人才培养模式，面向产业链布局学科专业链，谋划人工智能新基建所需的专业建设，加快传统专业改造，做好专业设置的优化布局，以先行先试方式设置综合、交叉及边缘学科，打造新基建学科体系，设计多学科交叉融合的课程体系，制定个性化培养方案，构建专业设置与调整的动态机制，及时回应社会和产业对人才的诉求，从而快速适应新技术、新经济、新业态的需要。

---

① 刁生富，吴选红，刁宏宇.重塑：人工智能与教育的未来[M].北京：北京邮电大学出版社，2020：91.

② 中新社.“AI 夜话”新基建——周剑：智能机器人是新基建的新载体[EB/OL].（2020-07-10）[2021-12-08].http://www.sh.chinanews.com/kjjy/2020-07-10/78357.shtml.

近几年，国家大力支持开设人工智能及机器人相关学科专业，也暴露了高校人工智能师资力量短缺、培养体系不健全等诸多问题。因此，高校可和人工智能企业共同制定人才培养方案，共同实施人才培养工程，共同进行人才培养质量评价；建设具有场景功能的模块课程，建设一批具有地方人工智能发展特色的国家精品课程，为人工智能产业发展培养具有良好的人工智能伦理道德水准、较高的技术水平和较好的管理能力的高素质人才。

同时，高校应与社会通力合作，搭建人工智能知识共享平台，建立人工智能和大数据的课程学习平台、项目开发平台及数据库，推动相关领域的学习和合作。“知识是结构化的经验、价值、语境信息、专家见解的直接的非固定的混合体，作为一种特殊的产品，其价值只有在进行传递并使用的过程中才能显现出来。”[①]

人工智能知识的共享不但有利于提升学生的专业素养、激励学生学习的积极性、激发学生的自主学习能力和创造力，也有利于人工智能专业的整体进步，形成互利共赢、相互促进的良好的发展生态环境。

除了人工智能知识的共享，高校还可以建立社会培训体系。对于企业而言，招收实习生是获得优秀员工的重要渠道之一。进入人工智能企业的实习生，能够提前接触人工智能领域的前沿技术，并且尽快参与核心项目研发。高校人工智能社会培训体系的建立，有利于为实习生提供专业对口的社会实践机会，同时为人工智能企业的发展提供适用人才。例如，科大讯飞、百度等多家人工智能企业招收高校在校生作为实习生，提前定向培养人工智能人才。

从企业方面来讲，有科研能力及实践经验的人工智能企业应该主动贡献自身力量，让中国在国际高科技赛道上赢在起跑线上。人工智能领域的龙头企业应以科技潮流为导向，以教育学科的重大理论与科学应用问题为引擎，积极融入高校、科研院所的人才培养建设项目，共建人工智能学院，通过参与交叉性研究项目、建设跨学科实验室等方法，精准匹配人工智能产业需求。

例如，腾讯与深圳大学、辽宁工程技术大学、山东科技大学、聊城大学合建了4所腾讯云人工智能学院。科大讯飞则与西南政法大学、重庆邮电大学、南宁学院、安徽信息工程学院、江西应用科技学院、重庆科创职业技术学院合建了6所人工智能学院。

目前，国内一些“责任担当”企业已拿出具体举措，并且获得了较好的效果。

---

① 李晓方. 激励设计与知识共享：百度内容开放平台知识共享制度研究[J].科学学研究，2015，33（2）：272-278，312.

例如，作为中国人工智能领域的“领头雁”和人工智能人才培养的主力军，百度创新实践了一系列与政府、企业、高校联合培养人工智能人才的新模式。

百度已面向全社会培养了超过100万人工智能人才，为各行各业输送了重要有生力量。百度与复旦大学、武汉大学、华中科技大学、南开大学、中国农业大学等超过200所高校共同开设了深度学习、人工智能课程，培养了来自清华大学、北京大学、浙江大学、哈尔滨工业大学等400余所高校的上千名人工智能专业教师。

依托强大的人工智能、大数据、云计算等智能技术基础，通过云智学院、人工智能学习与实训平台、黄埔学院、人工智能快车道等平台，百度面向中小学、中高职及本科院校学生，以及企业开发者、产业人群等提供全面、丰富的教学资源、培训认证、竞赛活动和就业机会。

此外，百度飞桨发布“大航海”计划，其中围绕高校人才培养的“启航”计划提出，飞桨将在三年内投入总价值5亿元的资金与资源，深度合作全国500所高校，联合培训5000位人工智能方面的师资，助力培养50万名人工智能方面的学子。

值得注意的是，百度一直积极布局“人工智能+X”复合型人才培养生态，开创与政府、企业、高校联合培养人工智能人才的新模式，目前已培养超过100万名人工智能技术和产业人才。

再如，作为“责任担当”的另一互联网企业巨头——腾讯，于2020年与各级院校、教育机构、合作伙伴携手推出“光合计划2.0”，助力培养10000名人工智能教师，利用腾讯青少年人工智能教育与腾讯云大学的能力帮助基础教育和高校教师掌握人工智能教学能力，助力各年龄段人工智能教学的普及。

此外，腾讯宣布5年内将投入5000亿元用于新基建的进一步布局，与国内外顶尖高校合作，搭建科研平台，加强产业研究和人才培养。人工智能是其中的重点投入领域之一。之后，腾讯云又对外发布了“优才计划”。基于“优才计划”，腾讯云相继与中国软件行业协会、TGO鲲鹏会等行业权威组织机构达成合作，为新基建下产业互联网的发展提供人才支撑。

除了百度和腾讯，阿里巴巴也开启了人才培养模式，为人工智能人才成长提供助力。阿里云大学于2020年提出“数智化人才”建设方案，同时发布人工智能学院升级计划。该升级计划基于阿里云人工智能技术和产业实践及人才培养经验，由阿里云大学携手达摩院、机器学习PAI平台和基础设施平台团队，升级阿里云人工智能学院，为高校提供一站式人工智能人才培养解决方案。

最后，不断完善人才培养和引进制度。各级政府应不断加快完善人工智能领域的人才培养和选拔机制，加强人才储备和梯队建设，加快推进各项人才制度改革，形成具有促进人工智能人才发展特点的特殊政策、特别机制及特优环境。同时，各级政府还可以通过重点推动急需人才引进、重点人才和创新团队培养、高层次人才服务保障等，构建多层次、多元化的人才体系，保证我国人工智能发展拥有充足且持续的人才资源输入。除了完善人工智能领域的人才培养和选拔机制，各级政府还可以通过人才政策采取项目合作、技术咨询等柔性引进的方式，引进所需人才，壮大人工智能研究队伍。

同时，人工智能研究必须国际化。第一，各级政府可以采取措施吸引国外高层次人才回国就业创业，加强对人工智能领域世界顶尖人才特别是优秀青年人才的引进，开设专门渠道，鼓励支持高校、科研机构、企事业单位引进顶尖科学家和高水平创新团队，以人才链、教育链补齐产业链，壮大创新链，实现世界人工智能人才的不断汇聚，构筑我国人工智能研究的人才高地。

第二，各级政府应当积极推动加强国际人工智能人才的交流，坚持培养与引进相结合的方式，鼓励国内人工智能领域的专家团队与全球顶尖人工智能研究机构合作，允许、鼓励和引导国内创新人才、团队加强与全球顶尖人工智能研究机构的沟通交流。

第三，各级政府应鼓励技术领先的国际人工智能企业在中国设立研发机构，使其与国内企业开展全方位的合作应用与技术交流，尤其是在高端人才培养、学科建设、顶尖实验室建设等方面，从而推动我国人工智能研发、应用迈上新的台阶。

反侵权盗版声明

电子工业出版社依法对本作品享有专有出版权。任何未经权利人书面许可，复制、销售或通过信息网络传播本作品的行为；歪曲、篡改、剽窃本作品的行为，均违反《中华人民共和国著作权法》，其行为人应承担相应的民事责任和行政责任，构成犯罪的，将被依法追究刑事责任。

为了维护市场秩序，保护权利人的合法权益，我社将依法查处和打击侵权盗版的单位和个人。欢迎社会各界人士积极举报侵权盗版行为，本社将奖励举报有功人员，并保证举报人的信息不被泄露。

举报电话：（010）88254396；（010）88258888
传　　真：（010）88254397
E-mail：　dbqq@phei.com.cn
通信地址：北京市海淀区万寿路 173 信箱
　　　　　电子工业出版社总编办公室
邮　　编：100036